GUOJIA
HUANJING
KONGQI
ZHILIANG
JIANCEWANG

国家环境空气质量监测网

城市站运维管理系统设计与实践

CHENGSHIZHAN YUNWEI
GUANLI XITONG SHEJI YU SHIJIAN

张 霞 尤 洋 侯玉婧 等/编著

中国环境出版集团·北京

图书在版编目（CIP）数据

国家环境空气质量监测网城市站运维管理系统设计与实践/张霞等编著. —北京：中国环境出版集团，2022.12

ISBN 978-7-5111-5401-9

Ⅰ. ①国… Ⅱ. ①张… Ⅲ. ①环境空气质量—空气污染监测—监测网—管理信息系统—研究—中国 Ⅳ. ①X831

中国版本图书馆 CIP 数据核字（2022）第 247322 号

出 版 人 武德凯
责任编辑 曲 婷
封面设计 彭 杉

出版发行 中国环境出版集团
（100062 北京市东城区广渠门内大街 16 号）
网 址：http://www.cesp.com.cn
电子邮箱：bjgl@cesp.com.cn
联系电话：010-67112765（编辑管理部）
发行热线：010-67125803，010-67113405（传真）
印 刷 北京中科印刷有限公司
经 销 各地新华书店
版 次 2022 年 12 月第 1 版
印 次 2022 年 12 月第 1 次印刷
开 本 787×1092 1/16
印 张 10
字 数 180 千字
定 价 50.00 元

编 委 会

主　　编：张　霞

副 主 编：尤　洋　侯玉婧

编写人员：

第一章　尤　洋　徐伟嘉　孟双双　刘文楚

第二章　张　霞　尤　洋　卢志想　徐伟嘉

第三章　尤　洋　孟苗苗　张　霞　孟双双

第四章　张　霞　尤　洋　曾红霞　张盛强

第五章　黄卫明　张晓旭　孟苗苗　卢志想

第六章　王启蒙　吴　莹　张盛强　侯玉婧

第七章　侯玉婧　张　霞　刘文楚　黄卫明

第八章　孟双双　黄卫明　王启蒙　孟苗苗

第九章　刘文楚　侯玉婧　王启蒙　曾红霞

前　言

党的十八大以来，生态文明建设正式纳入中国特色社会主义事业“五位一体”总体布局，生态环境监测工作提上重要日程。国家对生态环境监测网络建设、省以下环保机构监测监察执法垂直管理、提高环境监测数据质量等作出重要部署，生态环境质量监测管理不断加强，生态环境质量监测事业迅速发展。

2015 年，国务院办公厅印发的《生态环境监测网络建设方案》明确提出，生态环境监测是生态环境保护的基础，是生态文明建设的重要支撑，要完善生态环境质量监测与评估指标体系，利用监测与评价结果，为考核问责地方政府落实本行政区域环境质量改善、污染防治、主要污染物排放总量控制等职责任务提供科学依据和技术支撑。同年，为厘清长期以来我国环境空气质量监测工作中央和地方事权与支出责任，原环境保护部印发了《国家生态环境质量监测事权上收实施方案》。2016 年，原环境保护部办公厅印发了《关于做好国家环境空气质量监测城市站社会化运维交接工作的通知》。同年 11 月，国家环境空气质量监测网城市站监测事权上收工作完成，由原来地方自行运维转变为国家委托社会化机构运维。

2017 年，中共中央办公厅、国务院办公厅印发的《关于深化环境监测改革提高环境监测数据质量的意见》指出，环境监测数据是客观评价环境质量状况、反映污染治理成效、实施环境管理与决策的基本依据。国家环境空气质量监测网城市站监测数据作为各省（或区域）空气质量改善的评估依据，对监测数据质量提出了新的更高要求。

事权上收初期，国家环境空气质量监测运维管理中存在运维过程记录纸质化、记录保存效果差、运维工作内容不够规范、监督管理有效性不强、运维检查工作量急剧增加等诸多问题，监测数据质量难以保障。中国环境监测总站坚持目标导向和问题导向，为满足事权上收后管理工作的需求，确保环境空气质量评价结果的客观、公正，提高环境空气质量监测网运维管理的自动化和信息化水平，建立了以运维单位开展日常运维，以中国环境监测总站、省（市）级环境监测站、现场检查单位和网络检查单位开展外部检查监督的质量管理体系。同时，研发并上线了国家环境空气质量监测网城市站运维管理系统，对1 734个国控监测站点的运维及质控工作进行全过程管理。该系统包括数据采集及传输、数据审核、子站及站房仪器设备管理、报警管理、日常运维及质控管理以及绩效和成效分析等功能模块，运用物联网、大数据分析、智能AI识别、工作流引擎等先进技术，实现国家环境空气质量监测网城市站运维工作的闭环管理，运维及质控工作全过程留痕，逐步实现环境空气质量运维管理工作的网络化、自动化、智能化。

为了及时交流成果、分享经验，推进更高层次技术开发应用，我们将国家环境空气质量监测网城市站运维管理系统的设计与实践有关经验、关键技术以及应用成果，充分总结凝练并编辑出版，旨在见教于环境监测与环境科学领域的同仁和专家学者，并供从事环境监测、环境信息化工作的相关技术人员以及科研人员、高校师生参考。

在本书撰写过程中，我们参考借鉴了国内同行、专家的研究成果，除了参考文献中所列正式刊登的论文、论著外，还有部分内容源自相关的业务讲座、会议材料等，对未正式发表的资料内容，不再一一列明出处，恳请有关作者谅解，并深表谢意。

本书力求科学严谨，最大限度服务当前工作，但受编著者知识和业务水平所限，难免存在一些不足之处，敬请广大读者批评指正。

编著者

2022年 9月于北京

目　录

第一章 概 论

第一节 背景

环境监测是环境保护的基础，是生态文明建设的重要支撑。习近平总书记在出席全国生态环境保护大会时强调，生态文明建设是关系中华民族永续发展的根本大计，生态环境是关系党的使命宗旨的重大政治问题，也是关系民生的重大社会问题，广大人民群众热切期盼加快提高生态环境质量。环境空气质量监测数据为客观评价大气环境质量状况，科学制定大气污染防治措施与政策提供了重要的技术支撑。

党的十八大以来，生态文明建设正式纳入中国特色社会主义事业“五位一体”总体布局，生态环境监测工作提上重要日程。2015—2017 年，中央办公厅和国务院办公厅相继印发了关于《生态环境监测网络建设方案》《关于省以下环保机构监测监察执法垂直管理制度改革试点工作的指导意见》《关于深化环境监测改革提高环境监测数据质量的意见》3 份重要改革文件，生态环境监测管理制度体系日益完善，生态环境监测事业迅速发展，各项工作取得了显著成效。

2012 年修订的《环境空气质量标准》（GB 3095—2012）颁布实施后，我国组织开展空气质量新标准能力建设，目前已建成一个覆盖全国 339 个地级及以上城市的国家城市环境空气质量监测网，监测数据同步实时上传至国家、省、市三级环境监测管理平台并实时发布，为指引公众健康出行、评价城市环境空气质量状况、考核大气污染治理成效提供了重要依据。

国家环境空气质量监测网建设初期，由各市级环境监测机构自行组织开展监测以及数据审核工作，数据上报至中国环境监测总站（以下简称总站）。此运维管理模式前期极大地促进了我国环境空气质量自动监测技术的发展，但也存在一定的管理弊端，监测机构由当地生态环境主管部门直管，“既是运动员，又是裁判员”，监测过程及监测数据不可避免地会受到地方行政干预。

2016 年 11 月，总站组织完成环境空气质量监测事权上收，国家环境空气质量监测网城市站点（以下简称国控城市站点）运行维护由总站组织社会化环境监测机构实施，原始数据第一时间直传总站，总站负责监测数据的传输和审核。地方各级环保部门为国控城市站点正常运行提供基础条件保障，监测数据由国家和地方各级环保部门共享，地方各级环保部门不再参与数据的生产和审核。空气质量监测事权上收后实现了“谁考核，谁监测”，是我国环境空气质量监测模式的重大改革。

监测事权上收初期，经过一段时间的摸索，国控城市站点运维管理工作暴露出一些问题：如运维过程记录纸质化，记录审核时效性差；运维人员分散在各个城市，总站对运维过程及数据生产过程缺乏有效的监管手段等。

经过不断的摸索和总结，总站建立并完善了国控城市站点的运行维护管理制度体系和技术体系，并利用物联网、大数据等先进技术建立起国家环境空气质量监测网城市站运维管理系统（以下简称运维管理系统），实现了运维工作的信息化、智能化管理。目前，运维管理系统已建设完成并投入使用。该系统基于以数据质量为核心的管理理念，实现了站点动静态管理、仪器设备动静态管理、运维现场检查痕迹管理、数据在线审核/复核、运维绩效在线初核等功能。该系统提升了国控城市站点整体运维监管水平，保证了监测数据质量，为管理部门提供了有力的技术支撑，为政府与公众及时、全面、准确地掌握环境空气质量状况及特征提供了有力保障，为国家大气污染联防联控、空气质量预报预警等空气质量改善工作提供了准确的数据支撑。

第二节 国内外现状

一、国外空气自动监测发展情况

1. 国外空气自动监测发展现状

美国自 20 世纪 70 年代初颁布《空气清洁法》（*Clean Air Act*）开始，建立了一套较为完整的空气质量监控网络作为保护环境和评估空气质量的重要手段。在过去的四五十年间，美国逐渐建立了覆盖全面、监测指标全面、级别和目的不同的空气质量监测网络，并建立了严格的质量保证和质量控制技术体系。美国主要的区域性空气质量监测网络包括：

SLAMS（State and Local Air Monitoring Stations）网络：包括 4 000 多个子站，由州和地方政府运行并管理，主要目的是监测联邦政府规定的常规大气污染物，以确定这些污染物是否达标以及对各州的空气质量管理计划进行评估。NAMN（National Air Monitoring Network）网络：由 1 080 个子站组成，重点监测高污染、高人口密度的城市以及污染源密集的地区。SPMS（Special Purpose Monitoring Stations）网络：由联邦政府运营和统一调配，其主要特征是：监测站点不固定，具有高度的机动性，可以随时调整和补充固定监测网络的不足，以满足发生突发性空气污染事件和应急管理的需求。CASTNET（Clear Air Status and Trends Stations）网络：1987 年建立，由大约 80 个主要位于乡村区域的子站组成，主要目的是监测酸沉降和地面臭氧的长期变化趋势，同时评价区域及州政府氮氧化物污染控制计划（SIP）的有效性。PAMS（Photochemical Assessment Monitoring Stations）网络：1994 年建立，旨在监测臭氧及其前体物浓度以评价光化学烟雾污染的成因，由 22 个子站组成，可监测大约 60 多种挥发性有机化合物，监测子站主要设于光化学烟雾污染比较严重的区域。大气超级监测站（Supersites）监测网络：美国从 1999 年开始先后分两阶段在空气质量非达标区建立了总共 8 个大气超级监测站，并于 2005 年通过验收。综上，美国建立了一个从地方、州到国家层面，由常规监测、趋势监测到光化学监测、组分监测和人体健康研究的全方位的空气质量监测网络。

日本从 1968 年颁布《大气污染控制法》开始，从建设地方空气质量监测网络起步，逐步发展并建立了覆盖全国范围的国家监测网络。覆盖全国的监测站组成了一个立体化的监测网络体系，实时监控日本大气环境主要污染物的浓度、转化和迁移过程，见图 1-1。

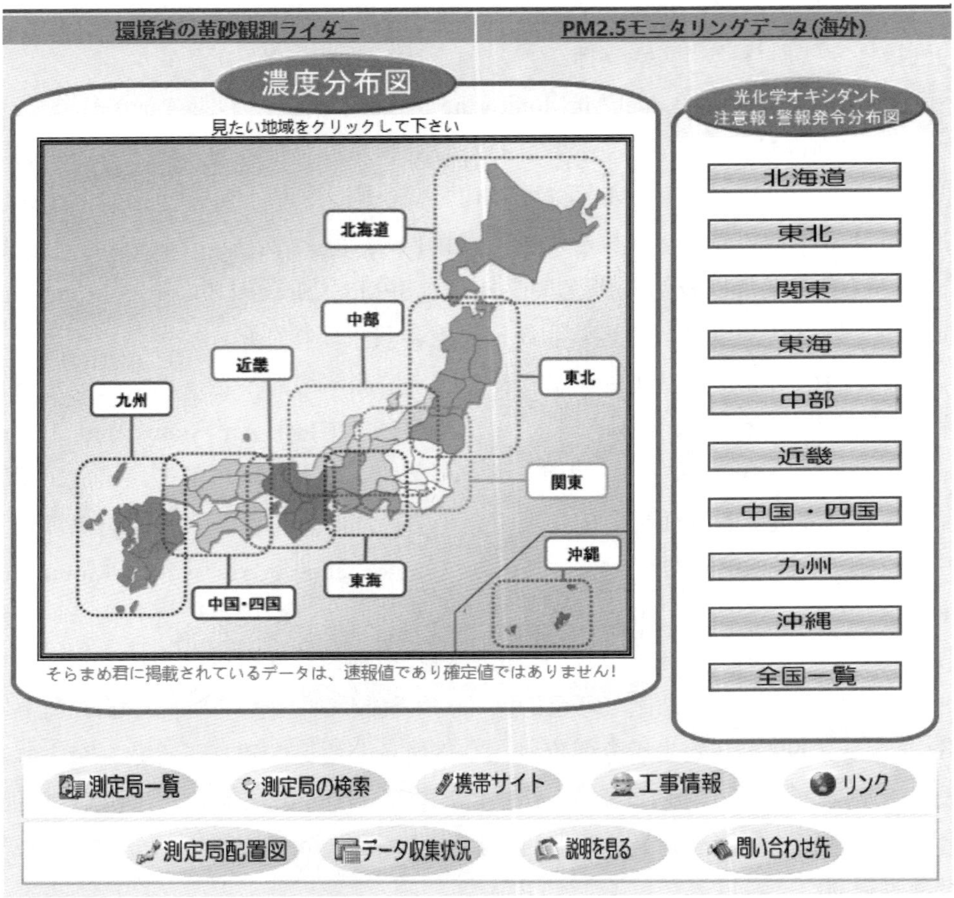

图 1-1 日本监测网络空气质量发布示意图（截图）

资料来源：http://soramame.taiki.go.jp/。

2. 国外空气自动监测站运维管理现状

根据污染物的不同，美国国家环境保护局开展的数据质量核查工作可分为针对气态污染物的核查和针对颗粒物的核查。根据实施的主体不同，其核查工作可分为由运维单位实施的检查（以下简称自查）和由美国国家环境保护局下辖的区域中心实施的检查（以下简称外查）。自查和外查结果均报送至美国国家环境保护局，经汇总统计后，以图表形式形成定量化的数据质量报告。

美国国家环境保护局对气态污染物的数据质量核查主要分为 3 类：单点质控检查、年度性能审核、气态污染物国家核查计划（NPAP）。除 NPAP 为区域中心进行的外查外，其余两项均为运维单位进行的自查。

单点检查是指各站点每 2 周采用可溯源的标准气体对其气态污染物（O_3、SO_2、NO_2、CO）分析仪进行一次单点质控检查，并通过汇总统计，考察分析仪在污染物日常浓度附近测量的精准度。年度检查是指美国国家环境保护局要求各运维单位需每年对其负责的所有站点的气态污染物分析仪进行至少 1 次多浓度点的性能审核。除要求各运维单位进行周期性的自查外，美国国家环境保护局通过各区域中心执行的 NPAP 项目，周期性地对各站点的分析仪进行外查。联邦法规中明确要求 NPAP 每年应抽取 20%以上的站点进行多浓度点核查。

美国国家环境保护局对颗粒物连续监测的数据质量核查主要分为两类：现场比对和细颗粒物能力考核（PEP）。PEP 为区域中心执行的外查，现场比对为运维单位进行的自查。美国国家环境保护局通过现场比对的结果对运维单位颗粒物监测的精密度进行评价。运维单位通过联邦参比方法（FRM）或等效方法（FEM）每年至少对 15%的站点的颗粒物连续监测仪器进行现场比对。美国国家环境保护局通过各区域中心执行 PEP 核查。通过汇总固定周期内对某运维单位负责站点进行的全部 PEP 核查结果，评价各运维单位监测数据的精准度。

美国国家环境保护局在进行数据质量核查工作的同时，及时更新核查技术和统计算法，并通过网络平台保障各类核查数据能够及时上传至美国国家环境保护局，并自动生成各类可视化图表供管理人员参考。

日本关系重大、涉及大多数公众利益的监测工作（如流域监测等）由政府监测部门承担，而对于企业环境监测，则采取的是政府监管下的市场监测模式。具体而言，日本的监测体系是由政府和相关市场主体构成的。其中，政府主要承担项目管理、资质审核、技术监督等职责，而企业等则对污染源进行常规监测，二者之间通过招标、委托管理等形式构成联系。

二、国家环境空气质量监测网发展历程

1983 年，由城乡建设环境保护部发布的《全国环境监测管理条例》中明确规定，根据国务院（81）27 号文件关于“由环境保护部门牵头，把各有关部门的监测力量组织起来，密切配合，形成全国监测网络”的要求，建立环境监测网络。全国环境空气质量监测网分为国家网、省级网和市级网三级。其后国家环境空气质量监测网开始起步，并不断发展。经过几十年的不断努力和探索，目前我国已建成了由国家、省、市、区（县）四级组成的国家环境空气质量监测网，监测功

能涵盖城市环境空气质量监测、区域环境空气质量监测、背景环境空气质量监测，以及温室气体、酸雨、沙尘、降尘监测等[4]。

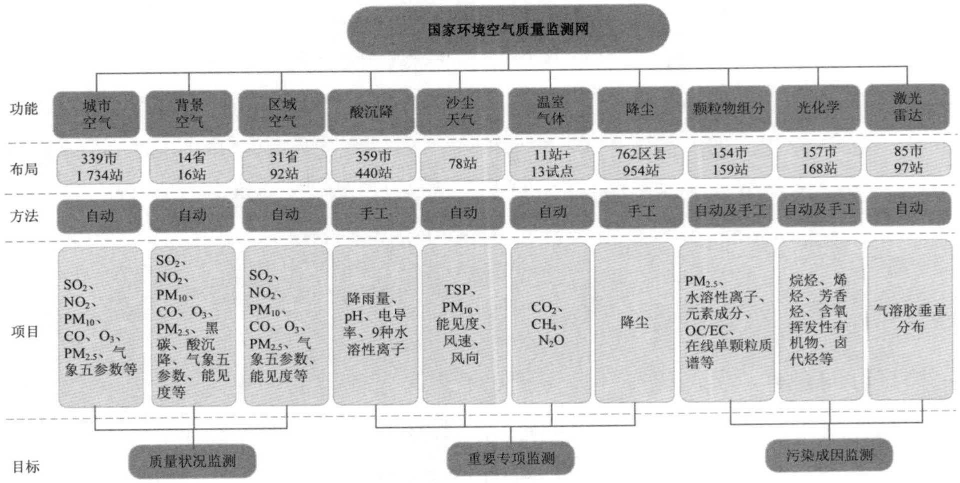

图 1-2　国家环境空气质量监测网

1. 光化学监测网

截至目前，全国共计 157 个城市 168 个站点开展光化学监测。光化学监测的主要项目包括 116 种 VOCs 组分、非甲烷总烃（NMHC）、甲醛、氮氧化物（NO_x）、紫外辐射强度、臭氧（O_3）、一氧化氮（NO）、二氧化氮（NO_2）、一氧化碳（CO）、气象数据、降水量、臭氧垂直分布、边界层高度、气态亚硝酸（HONO）、风廓线、温湿度廓线等。

2. 颗粒物组分监测网

颗粒物组分网覆盖京津冀及周边、汾渭平原、长三角、成渝、珠三角等具有区域代表性的 154 个城市，共计 159 个站点，监测指标涵盖 $PM_{2.5}$ 质量浓度、水溶性离子、碳组分、无机元素等。

3. 温室气体监测网

2008 年，总站开始在国家背景站开展温室气体监测，在福建武夷山、内蒙古呼伦贝尔、海南永兴岛和美济礁等地建立 11 个站点，开展温室气体监测。2021 年 9 月，生态环境部印发《碳监测评估试点工作方案》（环办监测函〔2021〕435 号），聚焦重点行业、城市、区域 3 个层面开展试点工作。目前，选取了 13 个典型城市开展大气温室气体试点。

4. 沙尘监测网

沙尘监测主要利用现有国控城市站点 PM_{10} 数据实施监测。按照相关规定，形成沙尘专项报告；对沙尘数据进行扣除，用于考核评价。

5. 区域站监测网

截至目前，我国共建成 92 个区域环境空气质量监测站点。其中，2008 年建设 31 个区域站，2016 年建设 61 个区域站。2018 年年底，92 个区域站已全面联网，委托省站开展运维。

6. 国家背景空气质量监测网

我国共设有 16 个国家背景空气质量监测站点。截至目前，除南沙站外，其他 15 个背景站已实现联网，委托省站或运维单位运维。

7. 国家城市环境空气质量监测网

国家城市环境空气质量监测网用以监测城市建成区范围或不同功能区内的综合环境空气质量整体状况，主要目的是用于评价城市建成区内的整体空气质量状况和空气质量达标情况。

我国城市环境空气质量监测始于 20 世纪 70 年代，当时大气监测工作所使用的是单机间断采样和手工分析。北京、沈阳等一些技术力量较强的城市先行开展了环境空气质量监测工作，建立了地方监测网。到 80 年代，全国城市监测站点不断发展壮大，国家以各城市站点为基础，建立了最早的国家城市环境空气质量监测网络，监测项目主要为 SO_2、NO_x 和 TSP。当时大部分城市采用的还是手工监测法，只有北京、西安等少部分城市开始建设空气自动监测系统。90 年代，各城市加大了环境空气质量自动监测系统的建设力度，我国初步建立了由 103 个城市空气质量自动监测站组成的全国城市空气质量监测网络。

由于空气质量自动监测具有时间代表性好、稳定性高、可靠性强等优点，且数据采集率大，能够实时、高效地反映环境空气质量的现状和变化。自 2003 年上半年，空气自动监测系统迅速在我国推广开来，国家和地方空气质量监测网络建设得到进一步发展，监测项目逐步转变为 SO_2、NO_2 和 PM_{10}[5]。

到 2010 年年底，我国城市环境空气质量监测网覆盖了 113 个环保重点城市，设置了 661 个国控城市站点。2012 年新修订的《环境空气质量标准》（GB 3095—2012）实施以后，国控城市站点监测项目由原来监测 SO_2、NO_2、PM_{10} 3 项指标扩展为 SO_2、NO_x（NO、NO_2）、CO、O_3、PM_{10}、$PM_{2.5}$ 6 项指标。到 2014 年年底，全国所有地级及以上城市的 1 436 个站点均具备监测 6 项指标能力。

“十四五”时期，我国开展了城市环境空气质量监测网优化调整，建成了覆盖339个地级及以上城市，共计1 734个站点的国家城市环境空气质量监测网。目前，国控城市站点统一由总站组织开展监测运维管理工作。

第三节 国家环境空气质量监测网运维管理体系的建立与实施

一、运维管理体系的建立

根据《大气污染防治行动计划》（国发〔2013〕37 号）提出的构建以环境质量改善为核心的目标责任考核体系要求，以及随即出台的《大气污染防治行动计划实施情况考核办法（试行）》（国办发〔2014〕21 号）、《大气污染防治行动计划实施情况考核办法（试行）实施细则》（环发〔2014〕107 号）等一系列政策文件，我国建立了以环境质量改善为核心的目标责任考核体系，将空气质量改善程度作为检验大气污染防治工作成效的最终标准。

为贯彻落实国务院《生态环境监测网络建设方案》（国办发〔2015〕56 号）和《财政部 环境保护部关于支持环境监测体制改革的实施意见》（财建〔2015〕985 号）精神，按照“国家监测网络由国家建设、国家监测、国家考核”的要求，逐步厘清中央和地方事权，强化国家环境监测的质量管理与质量控制，保障国家环境质量目标考核。2015 年 8 月，环境保护部印发《国家生态环境质量监测事权上收实施方案》（环发〔2015〕176 号），要求环境保护部负责国家生态环境监测网络的综合管理，委托总站承担国家网监测站点（断面）上收、运行维护和质量控制等具体工作。

2016 年 8 月，环境保护部办公厅印发《关于做好国家环境空气质量监测城市站社会化运维交接工作的通知》（环办监测函〔2016〕1527 号），要求 2016 年 10 月底完成国家环境空气质量监测网所涵盖的 338 个地级及以上城市的 1 436 个国控城市站点的上收工作。自此，国控城市站点监测事权全部上收，由总站统一招标委托第三方运维单位具体承担运维服务。监测事权上收后，原始数据实时自动上传至总站。运维公司负责监测数据的在线审核，由总站对运维公司的审核结果进行复核，监测数据由国家和地方共享，地方不再参与数据的生产和审核。

国控城市站点监测数据作为开展各省、市环境空气质量评价和排名等考核工作的重要依据，保障其监测数据质量尤为重要。而国控城市站运维管理工作直接影响监测数据质量。随着监测模式的转变，为保障监测数据质量，须加强对运维工作的精细化管理、提高运维管理水平。

为规范国控城市站点运行管理，保障环境空气自动监测数据“真、准、全”，总站开展了国家环境空气质量监测网运维管理体系研究，建立了总站实施运维管理，委托运维单位开展内部质控，总站组织省/市级站、现场检查单位、手工比对单位和网络检查单位开展外部质控监督的内控和外控并行的运维管理体系。国家环境空气质量监测网运维管理体系业务架构如图 1-3 所示。

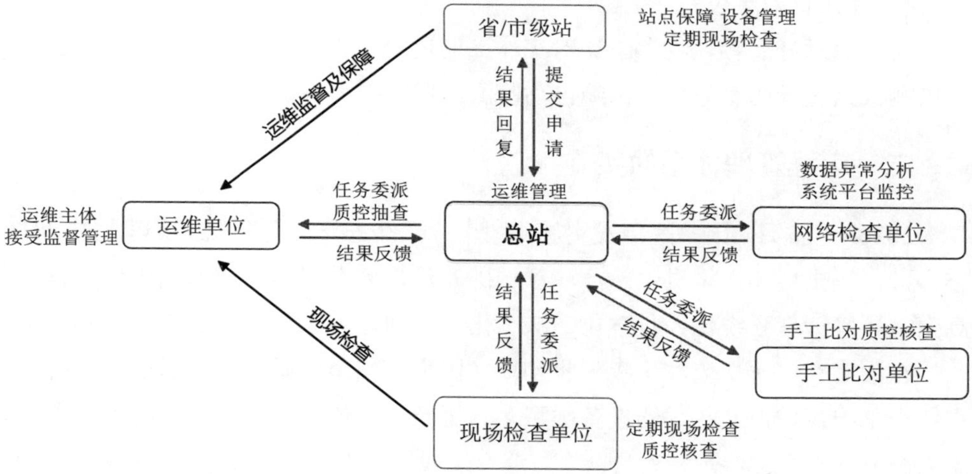

图 1-3 国家环境空气质量监测网运维管理体系

业务架构中各单位工作职责介绍如下。

1. 总站

负责管理国家网，负责监测数据的传输和审核、制定运维及质控技术要求、对运维进行监督管理等工作。

2. 省/市级站

为运维工作提供基础条件保障，包括网络、电力、交通等，共享国家网监测数据。

3. 网络检查单位

负责全国 339 个地级及以上城市的 1 734 个国控城市站点数据复核、运维信息集成与网络检查、运维绩效初核等工作。

4. 运维单位

承担国控城市站点的日常运行维护工作，依据总站内部质控体系要求开展国控城市站点内部质控工作，包括采样系统/仪器设备清洁维护、气路检查、流量检查、零/跨检查校准等，对监测数据质量负责。

5. 现场检查单位

承担对运维单位现场运维情况检查与考核的工作。按照总站的检查要求，制定现场检查计划，通过现场检查工作掌握运维单位的实际运维情况，监督并核实问题整改完成情况。

6. 手工比对单位

协助总站开展颗粒物手工比对工作，通过对手工采样数据与现场自动监测仪器监测数据进行比对分析，保障自动监测仪器数据准确。

二、运维管理体系的实施

2016 年 12 月，国务院印发实施《“十三五”生态环境保护规划》（国发〔2016〕65 号），提出要加快推进生态环境领域国家治理体系和治理能力现代化，不断提高生态环境管理系统化、科学化、法制化、精细化、信息化水平。

在国家空气质量监测事权上收初期，国家环境空气质量监测运维管理问题重重：一是国控城市站点仪器设备类型多、更新快，仪器设备管理难度大；二是运维人员分散于全国各地，人员众多，涉及一线运维人员，现场检查、质控人员等，人员管理难度较大；三是运维工作种类多，涉及内容广，管理难度大；四是运维过程记录纸质化严重，记录保存效果差；五是对运维工作规范性有效监管不足，地方干预现象依然存在[6]。

面对国家精细化运维管理的要求以及事权上收后运维管理工作中的问题，总站自 2017 年开始，利用物联网、大数据等先进技术建立并逐步完善运维管理系统，支撑运维管理工作的有效实施。

第二章　运维管理需求分析

第一节　总体需求与目标

一、总体需求

为深入打好污染防治攻坚战，支撑以环境质量改善为核心的目标责任考核体系的实施，需建立运维全过程痕迹化、闭环化管理的运维管理系统，实现国控城市站点运维管理工作信息化、智能化、痕迹化闭环管理，以保障监测数据质量。

1. 满足城市环境空气质量监测数据“真、准、全”的需求

监测数据质量是生态环境监测的“生命线”，是深入打好污染防治攻坚战，落实精准治污、科学治污、依法治污，改善生态环境质量的重要支撑。环境空气质量监测数据是客观评价环境空气质量状况、科学制定大气污染防治措施及监督执法的重要依据。而监测数据质量与国控城市站点的运维水平及管理质量密切相关。

监测事权上收以来，逐步暴露运维过程中存在的一系列问题，如未及时发现仪器故障造成的监测数据缺失、未及时对仪器设备进行周期性检查校准等影响监测数据质量、运维记录缺失或不完善等。另外，部分地方政府为了达到考核要求，进行不当干预，如堵塞采样头、喷淋采样区域等。这些都极大地影响了环境空气质量监测数据的真实性及有效性。

为保障环境空气质量监测数据真实、准确、可靠，中共中央办公厅、国务院办公厅于 2017 年印发了《关于深化环境监测改革　提高环境监测数据质量的意见》，提出需全面建立环境监测数据质量保障责任体系，健全环境质量管理制度，确保环境监测机构和人员独立、公正地开展工作，确保环境监测数据全面、准确、客观、真实；要加强大数据、人工智能、卫星遥感等高新技术在环境监测和质量管理中的应用，提升环境监测科技水平。

2. 满足国控城市站点运维工作集中监管的需求

2016 年 11 月，总站组织完成了全国地级及以上 338 个城市 1 436 个国控城市站点监测事权上收，“十四五”增加至 1 734 个，通过购买服务的方式交由社会监测机构开展运维。事权上收对国控城市站点运维工作集中统一管理提出了新的要求和挑战，主要体现在以下三个方面：一是仪器设备的管理难度增大。1 734 个站点共有上万台仪器，涉及 70 多个品牌和型号，需要对仪器设备品牌、型号、仪器状态参数进行远程实时监控；二是运维人员的管理难度提升。国控城市站点涉及千余名相关运维工作人员，且分散在全国各地，分属于不同的运维公司；三是运维任务的管理难度大。运维任务涉及种类较多，包括站点运维巡检、颗粒物设备检查校准、气态设备检查校准、臭氧标准传递、故障检修、仪器设备更换等，每年约 70 万余次运维任务。随着对数据质量的要求越来越高，运维巡检任务量也急剧增加。

3. 满足城市环境空气质量监测网运维及质控工作精细化管理的需求

运维及质控涉及工作内容复杂，包括网络通信、站房环境、仪器设备运行状态、运维及质控完成结果及质量等内容。在日常运维中，常常出现由于运维人员培训不到位、技术能力不足、责任心不强，未按计划开展定期运维等造成的仪器设备报警、数据异常、站房温湿度异常、电力异常、网络异常、采样异常，以及未按照标准作业指导书进行规范运维等问题。如上述问题未及时发现或处理，将极大程度地影响监测数据质量。

4. 满足城市环境空气质量监测网工作留痕、闭环管理的需求

2017 年中共中央办公厅、国务院办公厅印发的《关于深化环境监测改革 提高环境监测数据质量的意见》指出要建立“谁出数谁负责、谁签字谁负责”的责任追溯制度。环境监测机构及其负责人对其监测数据的真实性和准确性负责。采样与分析人员、审核与授权签字人分别对原始监测数据、监测报告的真实性终身负责。对违法违规操作或直接篡改、伪造监测数据的，依纪依法追究相关人员责任。

运维管理涉及站房及周边环境管理、点位管理、仪器设备管理、人员管理、运维过程及质控结果管理、数据审核/复核管理、运维绩效考核等，需对运维全过程进行监管，规范运维行为，预防人为干扰。

二、总体目标

坚持依法监测、科学监测、诚信监测，构建责任体系，创新管理制度，强化监管能力，有效预防弄虚作假行为，促进运维及管理水平的全面提升，切实保障环境监测数据质量，提高环境监测数据公信力和权威性。

1. 实现运维工作痕迹化及闭环化管理

依据国控城市站点运维管理工作相关标准化运维场景、流程及关键性信息，通过线上工单的方式，实现站点、仪器设备、日常运维及质控工作、异常报警等在线闭环管理。结合系统智能填报功能，实现质控信息及关键检查结果自动录入。

对监测数据、质控数据、仪器设备参数及状态数据、运维及现场检查数据、气象数据、站房动力及环境参数、安防数据、行为日志数据等进行整合，实现对国控城市站点运维工作的全过程留痕监管。有效提高运维管理工作的及时性和有效性，促进运维行为规范化与评价体系完善化，保障监测数据的“真、准、全”。

2. 实现站房环境及设备状态实时监控管理以及异常数据自动识别

根据不同监测仪器设备的工作原理，对仪器设备正常、故障、运维质控等不同运行状态下参数数据进行智能分类，建立仪器设备类别信息库、仪器设备关键参数上/下限数据库、设备运行状态判别信息库，并嵌入系统，实时获取仪器设备运行异常报警信息、仪器设备质控异常信息；利用智能AI算法实现异常参数的问题排查与定位，实时监控判断仪器设备运行状态。

开发异常数据识别及自动标识程序，实现异常数据自动识别，提升仪器设备故障及运维管理工作中隐蔽性问题“发现”效率，有效保障监测数据质量。

3. 实现多源数据深度融合，提升智慧运维水平

对全国1 734个国控城市站点的监测数据、质控数据、仪器设备参数及状态数据、运维及现场检查数据、气象数据、站房动力及环境参数、安防数据、行为日志数据等系统内各类信息资源进行综合分析。研究多源数据融合关键技术，实现运维数据高度集成、互融互通。

从多维度对运维质控信息进行分析挖掘，提升信息资源的服务能力，实现对隐匿的异常运维、异常闯入、异常操作等行为的高效抓取及识别，提高运维智慧化水平。

第二节　系统需求分析

面对国控城市站点分布广、运维管理难度大、质控环节多、运维数据信息碎片化等管理难题，以已建设形成的国家环境空气质量监测网为基础，依据国家环境空气质量监测网运维管理体系要求，利用物联网、多品牌仪器设备智能接入、远程智能化控制、GIS 电子地图、工作流引擎等技术，以运行监控和异常报警为重点对运维及质控工作进行全方位监管，实现国控城市站点运维工作的全过程痕迹化管理，运维相关数据统一集中化管理，提高运维管理工作的及时性和有效性，促进运维行为规范化与完善化，保障监测数据的“真、准、全”。

一、系统功能需求分析

根据国家环境空气质量监测网运维管理体系工作内容，系统需要满足多类型数据实时统一传输管理、数据审核管理、子站及仪器设备管理、日常运维工作管理、现场检查工作管理、手工比对工作管理以及异常数据识别、异常报警等方面的管理需求；同时，系统应具备对运维单位进行绩效线上初核的功能，以及对整个运维管理体系进行成效分析的功能。系统具体功能需求分析如下。

1. 多类型数据实时采集统一传输

运维管理业务涉及监测数据、质控数据、仪器设备参数及状态数据、运维及现场检查信息数据、气象数据、站房动力及环境参数、安防数据等多种类型数据；同时，国控城市站点存在仪器设备供应厂商众多、各类监测方法并存、仪器设备新旧不一、通信与控制协议各异的情况。系统需实现不同型号仪器设备的智能适配，并能稳定可靠进行多类型数据资源实时统一传输管理。

2. 数据审核管理

监测数据是环境监测工作质量最直接的反映，对监测数据的审核管理，是环境监测数据质量保证工作中的重要环节。目前，国家环境空气质量监测网城市站共建有 1 734 个站点，涉及 SO_2、NO_x（NO、NO_2）、CO、O_3、PM_{10}、$PM_{2.5}$ 六项常规污染物监测数据、温度及压力监测数据，每天近 25 万条数据的审核管理，工作量极大；审核过程中存在因为审核人员技术或能力的差异，导致审核过程中存在遗漏、误审的问题；此外，异常数据识别缺少科学的统计分析方法，导致审核工作时效性差。系统需依据总站建立的数据审核机制发挥异常数据识别功能，并提供丰富的人工审核辅助图表工具，从而提升数据审核管理效率及准确性。

3. 子站及仪器设备动静态管理

根据国家环境空气质量监测网运维管理业务需求，系统需具备子站及仪器设备动静态管理功能。能够进行子站地理位置、周边环境信息管理，站房及周边安防监控管理，仪器设备信息、核心配置参数、运行状态数据、重要参数变更、运维痕迹信息、仪器设备更换等内容管理，并对异常情况提供报警服务；确保用户可实时掌握人员进/出站房的时间、工作动态，以及仪器设备动静态属性、运行状态。具体管理内容包括：

①站点基础信息管理；

②站点变更管理；

③进站申请管理；

④站房生命周期管理；

⑤仪器设备基础信息管理；

⑥仪器设备关键参数信息管理；

⑦仪器设备状态信息管理；

⑧仪器设备生命周期管理。

4. 日常运维痕迹管理

系统需满足用户对日常运维任务、运维人员、运维所需仪器设备、备品备件的管理需求。运维人员可通过App系统上传运维工作内容和现场图像视频信息。管理人员可以通过查验运维人员回传的现场图像、运维工作场景图、视频信息、时间和位置等信息，实现对运维工作的痕迹管理。具体管理内容包括：

①日常运维计划管理；

②运维人员考勤管理；

③运维人员对国控城市站点运维操作记录管理；

④运维单位所需的仪器设备、车辆、人员等信息管理；

⑤备品备件管理；

⑥运维任务管理；

⑦站点固定资产盘点管理。

5. 现场检查痕迹管理

系统需满足用户对现场检查任务、现场检查人员、现场检查所需仪器设备、备品备件的管理需求。现场检查人员可通过 App 系统上传现场检查工作内容或现场图像视频信息。管理人员可以通过查验回传图像、工作场景图像、视频信息、时间和位置等信息，对现场检查单位的检查行为及检查痕迹进行统一管理。具体管理内容包括：

①现场检查计划管理；

②在线分析工具及相关报表管理；

③现场检查人员考勤、所用仪器设备、操作过程和结果等信息管理；

④质控信息核查管理；

⑤现场检查任务完成情况管理。

6. 手工比对痕迹管理

系统需满足手工比对痕迹管理需求，便于用户对手工比对任务计划创建、反馈、仪器设备派遣、现场接收与调试、采样、运输、称量、手工数据审核等过程进行管理。内容包括：

①手工比对仪器设备参数及运行状态管理，包括仪器设备基本信息、核心参数正常工作范围配置、仪器设备运行状态数据、滤膜存储及运输信息、滤膜称量结果及称量实验室温湿度状态等。

②日常维护痕迹管理，包括采样过程、采样器维护及维修过程的痕迹信息。

7. 异常报警管理

系统需具有国控城市站点运行情况实时监控及异常情况报警能力，包括网络整体运行状态监控、仪器设备状态监控、监测数据异常报警等内容。通过实时监控及关联分析及时发现国控城市站点运行过程中出现的各种运行异常、数据异常，并通过 App、邮件和短信的方式提醒或通知站点负责人、网络检查单位和总站。内容包括：

①网络异常报警；

②数据异常报警；

③网络运行状态统计与分析；

④检查管理监测数据的完整性以及缺失数据的回补情况；

⑤通过仪器设备运行状态参数，发现仪器设备运行状态异常；

⑥各类异常情况统计分析报表的生成。

8. 远程质控管理

系统需设计质控管理功能，对质控任务执行过程中产生的数据进行采集及保存。用户可通过质控管理界面，编排制定质控任务并开展远程质控工作，实现对设备零/跨检查校准、精度检查、多点校准等。通过远程质控管理，实现质控流程标准化，提高质控工作效率。

9. 绩效核算及成效分析

系统需提供绩效线上初核及成效分析功能，依据国控城市站点绩效考核体系要求，对监测数据获取率、数据质控合格率以及运维工作完成率进行自动统计，并针对现场运维、现场检查、监测数据审核/复核等工作的成效分析提供辅助分析图表工具，从而实现绩效初核自动评分，便于管理人员开展绩效考核及成效分析。

10. 用户管理需求

目前，国控城市站点运维管理工作涉及总站、省/市级站、运维单位、现场检查单位、网络检查单位及手工比对单位。各单位之间互相合作监督，不同用户依据工作职责对系统具有不同层次的功能需求。因此，系统需具有灵活角色管理以及组织权限分配功能，以便对不同使用者进行相应的权限管理，满足不同用户需要。具体内容包括：

①支持用户/用户组的设置；

②支持功能授权，即不同用户使用不同的功能；

③支持不同用户/用户组之间数据查看和下载的限制。

11. 信息交互需求

国家环境空气质量监测网运维管理体系用户及业务间具备极强的专业性和相互之间的关联性，系统需满足手机 App、子站端采集和质控数据监控服务程序等系统间的数据交互需求，并满足相关单位用户之间的信息交流与工作协调需求，从而实现信息高效交流，有效数据充分利用，保证相关单位各项任务协同开展，保障各项运维管理任务能够准确、高效地执行。

二、非功能需求分析

本系统应用于监管国控城市站点运维及质控工作的开展，保障监测数据质量。因此，系统必须具有较强的稳定性，能够保证长时间稳定运行；系统涉及国控城市站点监测工作相关数据信息，因此对安全的敏感性较高，必须保证系统数据安全，防止黑客对国家环境空气质量监测网监测及运维数据进行破坏；此外，系统连接全国 339 城市 1 734 个国控城市站点监测仪器设备、站房动力环境设备、监控仪器装置，涉及监测数据、质控数据、仪器设备参数及状态数据、运维及现场检查数据、气象数据、行为日志数据等，负载量极大，系统必须具有良好的性能，对于数据保存、修改、删除、查询、统计等操作均需具备快速响应能力，同时需具备处理大量报警信息以及浏览监控摄像装置实时画面产生大流量的能力；系统用户分布广泛，应用环境各异，应具备操作的便捷性及友好性。

第三章　总体设计

第一节　总体设计思路

近年来，随着我国环境监测事业的发展，以及物联网技术的应用，我国环境空气质量监测逐步向系统化、数字化、智能化迈进，监测数据的准确性逐步提高。我国已初步形成了符合我国环境空气质量现状的环境保护法律法规、标准体系、技术规范、分析评价方法等，并逐步建立了国家环境空气监测网数据传输与网络化质控平台，为环境管理、综合决策提供了坚实有力的技术支持。

目前，我国进入了生态环境质量改善由量变到质变的关键时期。为满足深度打好污染防治攻坚战的需求，需综合运用物联网、AI 智能、自动控制等先进技术，建立一套集成实时数据采集统一传输、异常数据自动识别、异常报警、远程自动质控、运维全过程留痕、绩效在线初核及成效分析等功能的运维管理系统，以提升国家环境空气质量监测网运维管理工作的标准化、流程化、智慧化水平，保障监测数据质量。

一、设计思路

结合当前国控城市站点运维管理工作需求，系统设计从以下几点出发。

1. 实时数据采集及统一传输

由于国控城市站点仪器设备品牌型号多样，为实现监测数据的统一采集、运维和质控的统一管理，利用组件化设计技术，设计仪器设备智能接入驱动模块，实现各种品牌型号仪器设备智能接入。

开发监测数据、质控数据、仪器设备参数及状态信息等多来源、多类型、多尺度的数据信息实时采集、定期上报功能模块。系统软件功能设计时，提供仪器设备故障监测、网络故障监测、系统故障检测等多方面的实时监控功能。同时利用通道加密、数据加密、数据校验及缺失数据回补等技术，保证数据传输安全及完整。

2. 充分挖掘数据规律，子站端和平台端多级异常数据识别

结合当前国家环境空气质量管理的需求，充分挖掘数据间的规律和关联性，设计异常数据自动识别功能，辅助人工审核，提高数据审核工作质量。在设计开发异常数据自动识别功能时，着重考虑以下几点。

（1）子站端自动识别异常数据

仪器设备在维护、校准、停电、重启稳定期等的数据为无效数据。因此，在数据采集时通过约定协议获取仪器设备状态参数，判别仪器设备运行状态并预设相关条件及统计规则，实现子站端自动识别及标识异常数据。

（2）平台端自动标识存疑数据

运用 AI 算法，根据仪器设备量程范围、相关污染物之间逻辑关系，结合站房动力及环境参数、仪器设备状态参数、气象数据以及监测因子之间的相关性等进行存疑数据识别及标识，辅助数据审核人员快速发现并核实异常数据，确定数据有效性。

（3）平台端异常数据判别辅助工具

平台端根据采集到的数据自动绘制同站点不同监测数据变化趋势图、不同站点同种污染物监测数据变化趋势图、相关污染物变化趋势图、气象数据变化趋势图、仪器设备参数变化趋势图、污染物间相关性分析图等辅助审核图表工具，并嵌入运维相关信息，便于审核人员对监测数据的有效性进行综合研判。

3. 构建实时监控体系，实现多维度联动报警

开发自动报警模块，及时发现并处理异常情况，是保障站房和仪器设备正常运行、确保监测数据质量的关键环节。系统利用物联网、视频识别与处理、视频与监测数据联动报警、视频与运维操作联动报警等技术，对国控城市站点各要素运行状况进行监控，包含监测数据、质控数据、仪器设备参数和状态数据，运维与现场检查信息数据、气象数据、站房动力及环境参数，安防数据及网络运行情况等。根据预设报警规则进行判定，如出现异常，实时向运维人员和相关工作人员发送报警信息，并将报警事件进行实时记录，存入数据库以备调用。

为提升报警精准度，设计视频与安防信息、实时监控要素间联动报警。当出现监测数据浓度异常、仪器设备状态参数超上下限、断数、参数改变等报警情况时，联动视频监控设备生成照片和视频记录。同时设置分级报警功能，用户可根据不同级别报警采取不同的响应措施。

4. 远程自动质控设计

在系统设计时，运用物联网技术，依据国家环境空气质量监测网运维管理体系要求，设计远程自动质控功能，对站点仪器设备质控任务进行集中式管理，以实现质控工作的流程化和自动化。可通过系统远程对仪器设备进行零/跨检查、校准，精度检查，多点校准等质控工作；并对全网质控情况进行统计分析。当出现仪器设备运行异常、现场运维受限时，可实现远程自动自检及质控，辅助人工开展质控工作。

5. 集成人、机、料、法、环全面质量管理功能

系统设计时，以全面质量管理为核心理念，集成人、机、料、法、环等全方面管理功能。依据国家环境空气质量监测网运维管理体系制定的标准化运维工作流程，系统梳理运维管理工作中所需记录的关键性信息，将国家环境空气质量监测网运维管理体系各环节拆解成具体指标任务及管理角色，科学设计站点管理、仪器设备动静态管理、备品备件管理、人员管理等功能及相关统计报表。运用 GPS 定位、视频监控、站房环境感知、仪器设备运行状态实时监控、自动报警等手段，对运维及质控工作全流程、多维度追踪留痕，实现国控城市站点运维及质控操作标准化及流程化管理。

6. 基于大数据技术支撑绩效考核及成效分析工作

利用大数据技术，科学设计数据库架构，实现国控城市站点运维及质控相关数据汇集、快速检索及多维度融合分析。从保障监测数据质量的角度出发，对运维任务的完成情况、运维质量、数据质量等指标进行科学设计及量化分析，促进国家环境空气质量监测网整体运行质量全方位优化。

二、设计原则

1. 遵循可行性和适应性原则

系统核心需求的吻合度是信息化建设价值体现的保障，用户在工作流程、数据管理等方面对核心需求的满足度是保障项目成功的基础。系统的开发设计，应确保技术上的可行性、适应性。系统从架构上应采用平台技术，从扩展上应具备模块自定义功能，可进行系统的免代码自定义和功能模块加减、调整等，满足未来信息化发展及用户需求变化。

2. 遵循前瞻性和实用性原则

系统的开发设计，从设计思路、开发原则、系统架构、网络拓扑、实施软件系统、硬件设备、开发工具等各种角度考虑方案的先进性，所选主体产品的技术架构应具有前瞻性，确保所选主体产品在技术上处于领先水平，充分考虑系统未来的延伸。系统采用了构件的思想进行设计，从而能够做到敏捷开发，持续根据用户反馈和需求优先级来发布新版本，不断进行迭代，使系统逐渐完善。

同时，考虑到最大限度增加系统价值，最大限度吻合各应用者的需求，以及今后功能扩展、应用扩展、集成扩展多层面的延伸，实施过程应始终贯彻面向应用、围绕应用、依靠应用、注重实效的方针；此外，兼顾成本控制、项目周期控制等因素，在功能的部署上也需遵循实用性原则。

3. 遵循标准化和开放性原则

优良的体系结构设计，对于系统能否适应将来新业务的发展至关重要。系统的底层应支持各个层次的多种协议，应用系统应采用标准的数据交换方式。同时，系统应具有良好的开放性，兼容跨语言编程及各种应用软件的特性。

4. 遵循可靠性和稳定性原则

系统的可靠性和稳定性直接关系监测数据质量。系统必须是可靠的，一般的异常事件不会导致系统崩溃；同时，系统出现问题后能在较短的时间内恢复。

系统能够保持 7×24 h 稳定、不间断运行，从系统软硬件平台及网络等方面来保证系统的稳定性；采用主备服务器方式，若主服务器宕机，可实时地切换到备用服务器上，并且保证系统数据完整、一致，不影响用户的正常应用。

5. 遵循安全性和保密性原则

系统必须具备保障运行及数据安全的性能，确保数据不受外界恶意拦截和篡改。另外，必须具备行之有效的安全机制，以防范各种网络攻击和入侵行为，防止软件系统漏洞或硬件系统故障等原因造成的数据丢失、泄露、破坏或损毁。

通过硬件与存储冗余设计、数据传输安全、访问隔离、访问验证等技术的运用，辅以严格的平台系统安全管理规范，定期进行软硬件运行状态巡检、软件系统漏洞修复等处理手段，有效保证软件系统运行和数据的安全性。

系统的开发设计既要考虑信息资源的充分共享，更要注意信息的保护和隔离，因此系统应分别针对不同的应用、不同的网络通信环境和不同的存储设备采取不同的措施，包括系统安全机制、数据存取的权限控制等以确保系统的安全性。

6. 遵循高并发能力支撑的原则

系统的开发设计，应具备集群化部署，通过负载均衡减轻单机压力，支持数据库分库分表以及读写分离技术，从而具备支持多用户同时在线及操作的能力，不会因为用户数增长或者信息量增加导致系统响应能力下降。

三、设计依据

1. 政策及管理文件

《大气污染防治行动计划》（国发〔2013〕37 号）；

关于印发《生态环境监测网络建设方案》的通知（国办发〔2015〕56 号）；

《信息安全等级保护管理办法》（公通字〔2007〕43 号）；

关于印发《环境监测数据弄虚作假行为判定及处理办法》的通知（环发〔2015〕175 号）；

关于印发《国家生态环境质量监测事权上收实施方案》的通知（环发〔2015〕176 号）；

《生态环境监测规划纲要（2020—2035 年）》；

关于印发《“十四五”生态环境监测规划》的通知（环监测〔2021〕117 号）；

关于印发《生态环境大数据建设总体方案》的通知（环办厅〔2016〕23 号）；

《关于做好国家环境空气质量监测城市站社会化运维交接工作的通知》（环办监测函〔2016〕1527 号）；

《关于进一步做好国家空气环境质量监测城市站社会化运维交接工作的通知》（环办监测函〔2016〕1891 号）。

2. 环境保护标准与规范

《环境空气质量标准》（GB 3095—2012）；

《环境空气质量自动监测技术规范》（HJ/T 193—2005）；

《环境空气质量手工监测技术规范》（HJ 194—2017）；

《大气污染物名称代码》（HJ 524—2009）；

《环境空气气态污染物（SO_2、NO_2、O_3、CO）连续自动监测系统安装验收技术规范》（HJ 193—2013）；

《环境空气气态污染物（SO_2、NO_2、O_3、CO）连续自动监测系统技术要求及检测方法》（HJ 654—2013）；

《环境空气颗粒物（PM_{10} 和 $PM_{2.5}$）连续自动监测系统安装和验收技术规范》

（HJ 655—2013）；

《环境空气颗粒物（PM_{10} 和 $PM_{2.5}$）连续自动监测系统技术要求及检测方法》（HJ 653—2021）；

《污染物在线监控（监测）系统数据传输标准》（HJ 212—2017）；

《环境空气气态污染物（SO_2、NO_2、O_3、CO）连续自动监测系统运行和质控技术规范》（HJ 818—2018）；

《环境空气颗粒物（PM_{10} 和 $PM_{2.5}$）连续自动监测系统运行和质控技术规范》（HJ 817—2018）；

生态环境部关于发布《环境空气质量标准》（GB 3095—2012）修改单的公告（公告 2018 年 第 29 号）。

3. 信息与安全规范

《计算机信息系统安全保护等级划分准则》（GB 17859—1999）；

《信息技术　软件工程术语》（GB/T 11457—2006）；

《信息安全技术　信息系统通用安全技术要求》（GB/T 20271—2006）；

《信息技术　软件生存周期过程》（GB/T 8566—2007）；

《计算机软件测试规范》（GB/T 15532—2008）；

《计算机软件可靠性和可维护性管理》（GB/T 14394—2008）；

《信息安全技术　网络安全等级保护实施指南》（GB/T 25058—2019）；

《信息安全技术　网络安全等级保护安全设计技术要求》（GB/T 25070—2019）；

《环境信息系统集成技术规范》（HJ/T 418—2007）；

《环境信息化标准指南》（HJ 511—2009）；

《环境信息网络管理维护规范》（HJ 461—2009）；

《环境信息网络建设规范》（HJ 460—2009）；

《环境保护应用软件开发管理技术规范》（HJ 622—2011）；

《环境信息系统安全技术规范》（HJ 729—2014）；

《环境信息网络验收规范》（HJ 725—2014）；

《环境信息系统测试与验收规范—软件部分》（HJ 728—2014）。

第二节 技术路线及关键技术

一、技术路线

技术路线选择应以成熟可靠为首要考虑条件，务求达到保证系统长时间无故障稳定运行的目标。系统结构以 B/S 结构为主，基于微服务架构构建系统主体应用程序。

1. 微服务架构

微服务是指为了满足 Internet 环境下业务集成的需要，通过连接能完成特定任务的独立功能实体形成的一种软件系统架构。为了确保系统的可持续发展，系统软件支持架构采用面向服务的微服务软件架构，通过 Web 向生态环境部门提供环境数据服务，通过服务接口实现专业应用系统的定制。

微服务是把系统中的 IT 基本元素分解或者打包成多个面向服务的模块，每个独立服务均具有业务边界，可以独立开发、测试、部署、监控和扩展，甚至可以用不同的编程语言进行开发，服务规模大小不受限制。微服务具备优点如下：

①每项服务内聚性高，编程语言易理解，开发效率高；

②易于开发与维护，一项微服务只应用一项特定的业务功能，业务清晰，服务可直接独立部署，可实现持续部署；

③每项服务可各自进行水平扩展和垂直扩展，且每项服务可根据需要部署到合适的硬件和软件上；

④局部修改容易，开发上线灵活度高；

⑤易扩展，可按需伸缩，可根据不同的需求，实现细粒度的拓展；

⑥为多端化服务（多种客户端，例如，浏览器、车载终端、安卓、IOS 等）奠定坚实的基础。

2. B/S 系统结构

B/S 结构（Browser/Server，浏览器/服务器模式），是 Web 兴起后的一种网络结构模式，Web 浏览器是客户端最主要的应用软件。这种模式统一了客户端，将系统功能实现的核心部分集中到服务器上，简化了系统的开发、维护和使用。客户机上只要安装一个浏览器（Browser），如 Internet Explorer，服务器安装 SQL Server、Oracle、Sybase、Informix 等数据库。浏览器通过 Web Server 同数据库进行数据交互。这样就很大程度简化了客户端电脑载荷，减轻了系统维护与升级的成本和工作量，降低了用户的总体成本。

目前无论是环境监测单位的信息化办公还是社会公众对计算机的使用都是以微软的 Windows 系统为主。B/S 架构使整个系统与 Windows 操作系统有极大的兼容性，能极大地方便用户通过客户端对系统进行访问和使用。

3. ASP.NET Core 架构

ASP.NET Core 是一个新的开源和跨平台的框架，用于构建如 Web 应用、物联网（IoT）应用和移动后端应用等连接到互联网的基于云的现代应用程序。ASP.NET Core 应用可运行于 .NET Core 和完整的 .NET Framework 之上。它整合了原来 ASP.NET 中的 MVC 和 WebApi 框架，使用户可以在 Windows、Mac 和 Linux 上跨平台开发和运行 ASP.NET Core 应用。

ASP.NET Core 不再基于 System.Web.dll，而是基于一系列颗粒化的并且良好构建的 NuGet 包。结合智能提示，ASP.NET Core 能使开发者通过仅包含需要的 NuGet 包的方法对应用进行优化。通过这种 pay-for-what-you-use（按需使用）模式架构进行开发可增强系统安全性、减少系统维护、提高系统性能并降低系统开发成本。

4. GeoServer 地图数据处理服务

系统采用 GeoServer 作为 GIS 地图数据处理服务。GeoServer 是 OpenGIS Web 服务器规范的 J2EE 的实现，利用 GeoServer 可便捷发布地图数据。GeoServer 的主要特征包括：兼容 WMS 和 WFS 特性；能够将网络地图输出为 jpeg、gif、png、SVG、KML 等格式；能够运行在任何基于 J2EE/Servlet 开发的框架之上。

GeoServer 允许用户对特征数据进行更新、删除、插入操作。通过 GeoServer 可便于实现用户之间空间地理信息的迅速共享，保障系统 GIS 地图地理信息数据处理的高效、稳定。

5. Open Layers 开发 WebGIS 前端地图服务

Open Layers 是一个用于开发 WebGIS 客户端的 JavaScript 包。Open Layers 支持 Google Maps、Yahoo、Map、微软 Virtual Earth 等地图来源；此外，Open Layers 为用户提供了丰富的选择，用户可以用简单的图片地图作为底图，与其他的图层在 Open Layers 中进行叠加。

在操作方面，Open Layers 除了可以帮助开发者在浏览器中实现地图浏览的基本效果，如放大（Zoom In）、缩小（Zoom Out）、平移（Pan）等常用操作之外，还可以进行选取面、选取线、要素选择、图层叠加等不同的操作，甚至可以对已有的 Open Layers 操作和数据支持类型进行扩充，为其赋予更多的功能。例如，可以添加网络处理服务 WPS 的操作接口，从而利用已有的空间分析处理服务对加载的地理空间数据进行计算。同时，在 Open Layers 提供的类库当中，还使用了类库 Prototype.js 和 Rico 中的部分组件，为地图浏览操作客户端增加 Ajax 效果。

6. Vue 构建用户界面的渐进式框架

Vue 是用于构建用户界面的渐进式 MVVM 框架，与其他大型框架的不同之处在于，Vue 可以自底向上逐层应用。Vue 的核心库只关注视图层，具有易上手、便于与第三方库和既有项目整合的优点。同时，在与相关工具和支持库一起使用时，Vue 也可完美驱动采用单文件组件和 Vue 生态系统支持的库开发的复杂单页应用。

二、关键技术

系统涉及关键技术如下。

1. 实时数据采集及统一传输技术

利用实时数据采集及统一传输技术、可编辑字符通信方法多路传输机制以及无差异向上备份等通信方式，实时采集数据，并“一点三发”至总站、省站、市站多个服务平台，且数据完全一致。

2. 多品牌、多型号仪器设备统一智能接入

采用“适配器”的设计模式，并通过设计新型实用的环境空气质量监测仪器设备的串行通信连接装置，实现多品牌、多型号仪器设备统一智能接入。

3. VPN 技术

子站监测数据、设备参数等信息通过虚拟专网（Virtual Private Network，VPN）进行传输。VPN 网络采用隧道技术、加解密技术、密钥管理技术和使用者与设备身份认证技术，在公共网络建立子站端与中心端安全通信的虚拟专用线路，避免数据传输过程中遭遇（恶意或非恶意的）软件以及网络病毒的攻击，确保数据传输安全。

4. 异常数据自动识别技术

系统利用包括子站端异常数据自动标识处理、数据自动修约、平台端异常数据识别等自动审核技术，实现子站端及平台端对异常数据进行自动识别并标识，从而辅助人工进行异常数据识别判断，保障监测数据质量。

5. 地理信息系统技术

采用地理信息系统（Geography Information Systems，GIS）技术，将站房信息、仪器设备信息、手工比对数据、自动监测数据关联地理信息进行综合显示，实现站房内外部环境、仪器设备、手工及自动监测数据的可视化管理。

6. 视频识别技术

采用智能 AI 技术，通过采集图像数据，实现精确识别非相关人员闯入、站房周边喷淋堵塞采样头、人为干扰仪器设备运行监测等情况。

7. 视频报警过滤技术

采用报警过滤技术，研究报警识别算法，设计周界报警过滤功能，对视频摄像头上报的越界侦测报警和区域入侵报警进行过滤，减少无效报警。

8. 远程质控技术

基于驱动式智能接口、异常数据自动识别、数据备份及智能回补机制等技术手段，通过在子站端设计质控标识、新增质控预判和仪器设备稳定性判定，以及在平台端新增可疑值判断与处理，将仪器设备的可执行任务（如数据采集、状态读取）以可编程脚本的方式记录，从而实现远程化在线质控功能。

第三节　系统总体框架设计

一、总体框架设计

系统的总体框架分为四部分，依次为系统标准与规范体系、系统安全保障体系、系统运行机制与管理制度、系统逻辑层次结构。具体如图 3-1 所示。

系统的标准与规范体系由国家、行业相关的标准与规范体系构成。系统的安全保障体系分为硬件保障体系和软件保障体系。系统运行机制与管理制度包括系统运行、操作的各种规章制度，其与前两部分密不可分。

图 3-1 系统总体框架

系统的逻辑层次结构采用面向服务的 SOA 技术架构，使用广泛接受的标准（如 XML 和 SOAP）和松耦合的设计模式，基于 SOA 技术架构和开放标准，有利于整合信息资源，构建一个易于扩展和可伸缩的系统。整体结构包括基础设施层、数据存储层、核心服务层、业务服务层。各层次结构如下。

1. 基础设施层

基础设施层包含系统基础设施与网络运行环境，是整个系统的物理基础，为系统的运行提供环境支持，主要包括网络环境、硬件平台和安全基础设施等。

2. 数据储存层

数据储存层主要包括系统内各类信息资源，主要为监测数据、质控数据、仪器设备参数及状态数据、运维及现场检查信息数据、气象数据、站房动力及环境参数、安防数据、系统日志数据、用户数据等。

3. 核心服务层

核心服务层是实现应用系统各种服务功能的核心，为实现应用系统之间的无缝集成提供信息交换服务和业务集成支持。本层由公共基础软件、服务组件和接口组成，通过本层面的功能组件、引擎的组合来构建上层的应用。技术支撑组件包括 GIS 电子地图、BI 智能报表、工作流引擎、规则引擎、数据库系统、Web 中间件、安全认证及权限、数据接口等。系统应用模块包括数据采集及传输模块、网络检查模块、报表模块、实时监控模块、运维及质控管理模块、绩效核算模块、接口模块、系统管理模块等。

技术支撑层是总体框架和未来发展的重要基础，与上层业务系统相对独立，将来在系统建设时可以灵活集成更多、更好的支撑软件，保障系统的可扩展性。

4. 业务服务层

业务服务层是整个系统的建设目标，主要是针对国控城市站点运维管理现状，以保障监测数据质量为核心思想，依据国家相关标准及质控运维管理体系，结合先进、科学的设计理念对业务进行拆解并设计相应功能，以满足总站对国控城市站点运维和质控工作集中化、统一化、标准化管理的需求，具体服务支撑包括数据审核服务、子站及设备管理服务、报警管理服务、日常运维及质控管理服务以及绩效核算成效分析服务等。

二、系统物理架构设计与硬件部署

1. 物理架构设计

总站、运维单位、现场检查单位、手工比对单位、网络检查单位、各省/市级站可通过 PC 端、App 端对国控城市站点运维管理系统进行访问与登录。通过互联网连接，完成总站任务要求的下达与执行，以及运维相关信息的汇集、传输、储存、分析的全过程。

各国控城市站点通过内部布设局域网使其形成一个个独立的小型信息系统。采集数据通过 VPN 网络上传至总站服务器端解码存储数据。

系统所需的国控城市站点监测数据来源于国家环境空气监测网数据传输与网络化质控平台数据库，通过总站内部服务器局域网实现交互流通。运维管理系统的整体物理架构设计如图 3-2 所示。

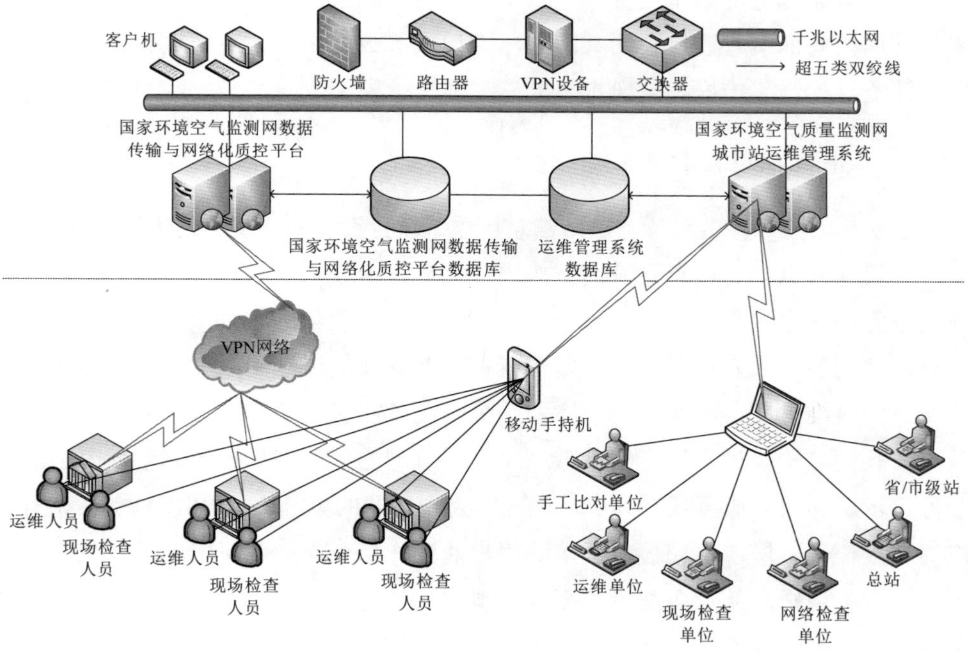

图 3-2　系统的物理架构

2. 硬件部署

（1）系统中心端硬件设备

系统中心端硬件设备主要包括应用服务器、数据库服务器，另配有 Web 服务器、GIS 服务器、交换机、防火墙、路由器、监控 PC 端等。其中，应用服务器可用于管理系统各功能部署、地理信息基础服务、业务信息交换接口服务等；数据库服务器用于存储包括日常运维数据、现场检查数据、手工比对数据、仪器设备参数及状态数据、网络检查数据等各类信息。

（2）子站端硬件设备

子站端硬件设备主要分为5类，包括六参数仪器设备、气象设备、动力环境设备、安防设备以及其他附属设备等。六参数仪器设备包括 SO_2 分析仪、$NO\text{-}NO_2\text{-}NO_x$ 分析仪、$PM_{2.5}$ 分析仪、PM_{10} 分析仪、CO 分析仪、O_3 分析仪及辅助设备；气象设备指气象数据监测仪，采集站房周边温度、湿度、气压、风向、风速等数据；动力环境设备包括站房空调、UPS 电源等，通过传感器采集站房空调运行状态数据、电源电压数据等；安防设备包括视频监控装置、门禁机等，可以采集站房内外部实时监控画面、门禁出入记录等数据；其他附属设备包括标准物质、计量器具、工控机和交换机等。

三、系统软件结构

层次化、组件化的设计方法是信息化系统项目设计和开发中公认的优秀实践。层次化设计从纵向对信息系统的结构进行划分，一般采用表现层、业务逻辑层、数据服务层3个经典层次；组件化设计则在各层次架构的基础上进行进一步横向细分，分离各个独立业务功能，弱化或解除业务功能组件间的耦合，加强信息系统产品的可维护性、可伸缩性，增强系统对业务需求变动的应对能力。

在软件结构设计上，运维管理系统采用典型的三层架构设计，包括表现层、业务逻辑层和数据服务层。其中，表现层为浏览器的 Web 客户端，负责系统与用户的交互任务，展示系统数据，接受用户的操作指令。业务逻辑层负责执行和维护系统业务逻辑，从业务逻辑角度为表现层的各功能提供支撑。其包含了一系列组件，如 GIS 业务组件、数据库应用组件、工作流引擎组件、身份认证组件等。数据服务层包括关系数据库和身份认证数据库，负责提供数据存储、查询、统计以及各类数据管理服务。系统软件结构如图3-3所示。

系统通过采用组件化的软件设计，解除或弱化各类业务间的耦合和依赖。当某项业务需求发生变动时，一般仅需修改该具体业务的实现组件，不会干扰系统其余业务功能组件，从而最大限度地适应业务需求的变动，并降低系统功能调整所带来的人力成本和时间成本，使系统具备更好的可维护性及伸缩性。

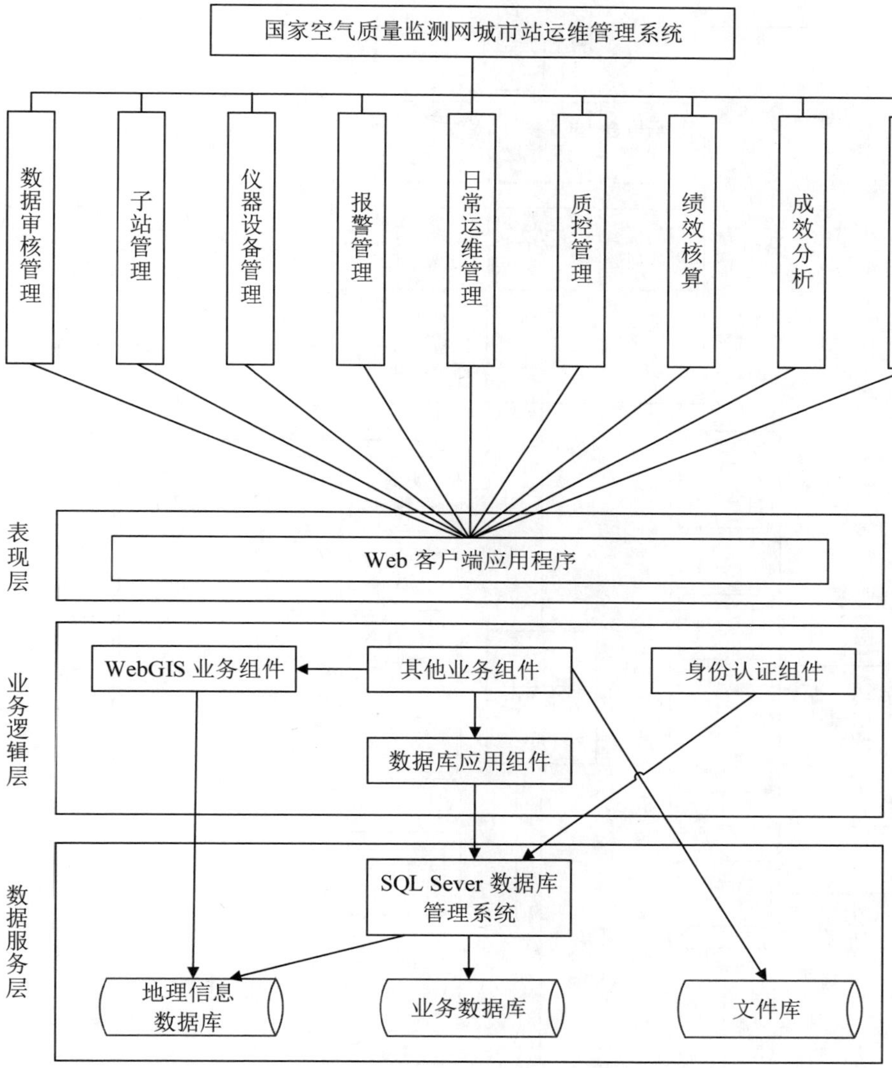

图 3-3 运维管理系统软件结构

四、系统业务处理流程设计

系统集成国控城市站点各要素数据信息实时采集及传输，数据审核，子站及仪器设备管理，报警管理，日常运维及质控管理，以及绩效考核及成效分析等功能。总体业务运作流程如图 3-4 所示。

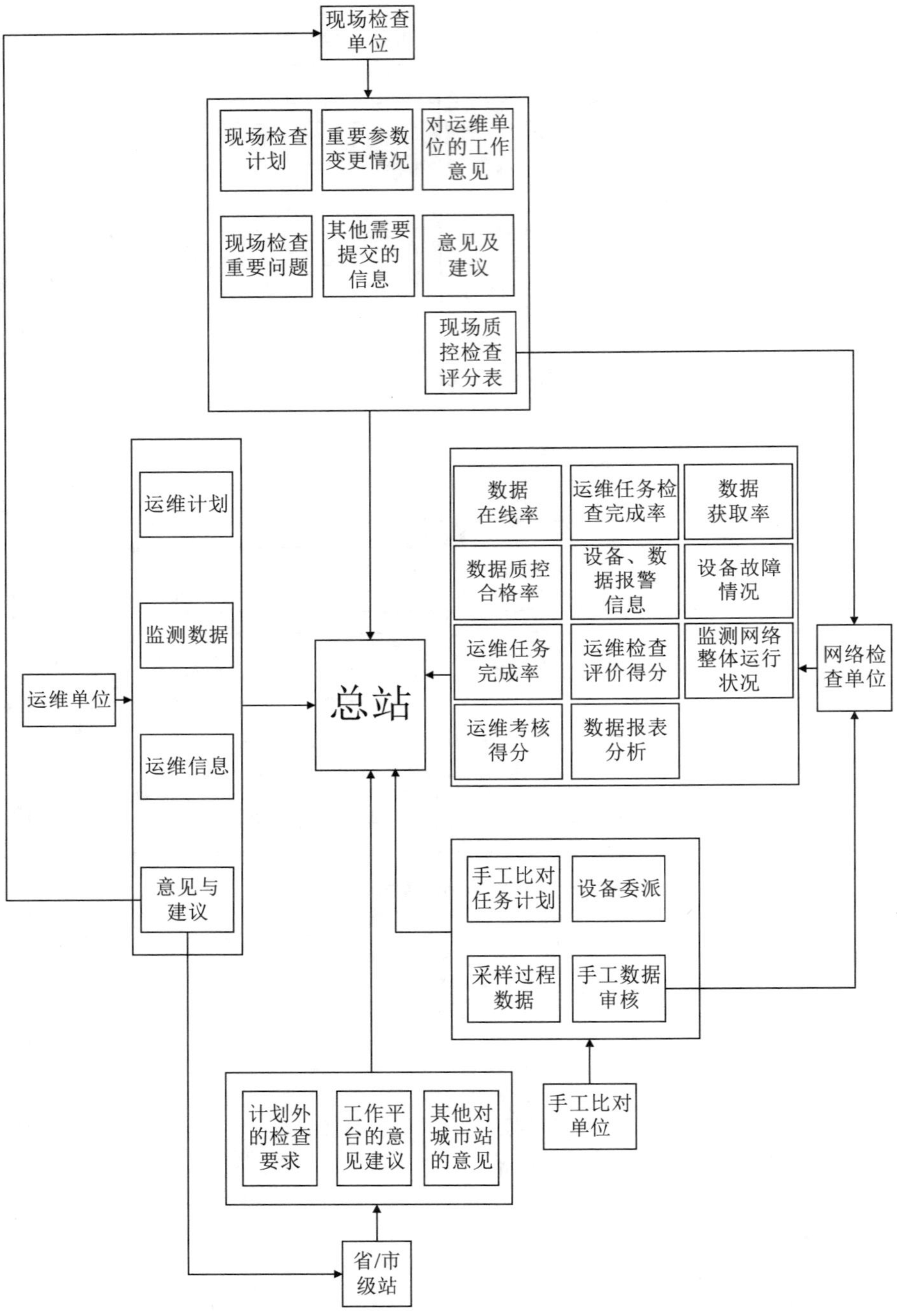

图 3-4 运维管理系统总体业务流程

国控城市站点通过数据采集及传输模块，采集监测数据、质控数据、仪器设备参数及状态信息（包括仪器设备的校准、报警及维护等信息）、气象数据、站房动力及环境参数、站房安防信息等，上传至总站服务器。

各单位可通过系统进行运维、质控等任务计划的制定、变更派发及审核。相关工作人员可通过手机 App 或 PC 端进行任务领取、执行，并且将现场考勤、运维记录等信息上传至系统，也可借助站点报警信息和实时监控功能，辅助完成任务。

总站与各相关单位可通过系统查看现场人员回传的现场图像、运维工作场景图像或视频信息，以及运维工作时间信息、位置信息，实现对运维及质控工作的痕迹化管理。

第四节　系统功能模块设计

根据管理需求结合系统逻辑架构，可将系统划分为数据采集传输、数据审核管理、子站及仪器设备管理、报警管理、日常运维及质控管理、绩效考核及成效分析等模块。具体见图 3-5。

1. 数据采集传输模块

数据采集传输模块主要包括数据采集、网络通信等。数据采集传输模块可实时获取并上传站点监测数据、仪器设备参数及运行状态数据、站房动力及环境参数等信息，是国家环境空气质量监测网运维管理系统工作的基础。

2. 数据审核管理模块

数据审核管理模块设计包括子站端异常数据识别、平台端异常数据识别和人工审核辅助分析功能三部分。

3. 子站及仪器设备管理模块

子站和仪器设备管理功能主要包括站点和设备信息管理、站点变更交接管理、站房安防信息管理、仪器设备参数管理和备机综合管理等功能。通过该模块，可实现对站房环境和仪器设备动静态生命周期的管理，以及站房进出人员的管理。

4. 报警管理模块

报警管理模块包括报警配置管理、报警信息查询、报警工单审核、视频监控报警等功能。通过该功能模块可以快速、准确地发现异常情况，为保障仪器设备正常稳定运行提供技术支撑。

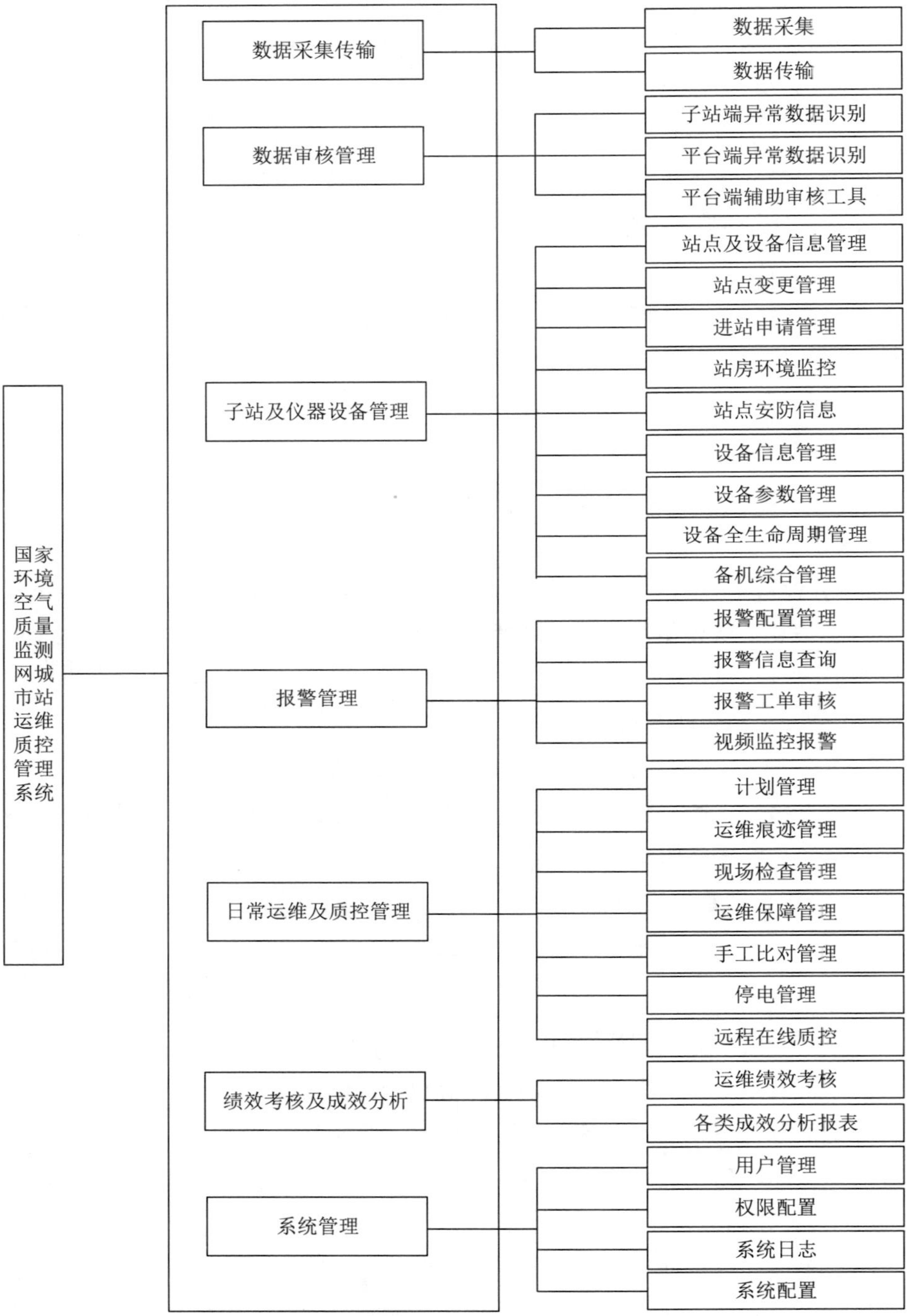
国家环境空气质量监测网城市站运维质控管理系统
数据采集传输
数据采集
数据传输
数据审核管理
子站端异常数据识别
平台端异常数据识别
平台端辅助审核工具
子站及仪器设备管理
站点及设备信息管理
站点变更管理
进站申请管理
站房环境监控
站点安防信息
设备信息管理
设备参数管理
设备全生命周期管理
备机综合管理
报警管理
报警配置管理
报警信息查询
报警工单审核
视频监控报警
日常运维及质控管理
计划管理
运维痕迹管理
现场检查管理
运维保障管理
手工比对管理
停电管理
远程在线质控
绩效考核及成效分析
运维绩效考核
各类成效分析报表
系统管理
用户管理
权限配置
系统日志
系统配置

图 3-5　系统功能设计

5. 日常运维及质控管理模块

日常运维及质控管理模块包括计划管理、运维痕迹管理、现场检查管理、运维保障管理、手工比对管理、停电管理以及远程在线质控等功能。通过该功能模块实现对运维人员的运维质控操作过程以及工作质量、仪器设备运行状态、备品备件使用情况等全方面的精细化管理。

6. 绩效考核和成效分析模块

绩效考核模块通过对运维任务的完成情况、运维质量、数据获取率、有效率等指标进行统计分析，科学、全面、准确地评估运维管理质量，自动生成绩效核算结果，极大程度提高绩效核算的效率、准确性、客观性；成效分析模块利用大数据技术，科学设计数据库架构，实现国控城市站点运维管理相关数据汇集、快速检索、多维度融合分析。

7. 系统管理

系统管理包括“用户管理”“权限配置”“系统日志”以及“系统配置”等业务组件，通过对用户角色、密码、权限等的管理，对不同用户的数据查看范围、数据修改审核操作、质控指令发送等权限进行分级管理，保障系统使用过程中的信息安全。

第五节 数据库设计

数据库技术是现代信息科学与技术的重要组成部分，是计算机数据处理与信息管理系统的核心。数据库技术研究如何有效地组织与储存数据，以及高效获取和处理数据，核心是通过研究数据库结构、储存、设计、管理与应用的基本理论和实现方法，在数据库系统中减少数据存储冗余，实现数据共享，保障数据安全，高效检索、处理数据。

运维管理系统需对多种业务数据进行存储、管理、统计处理。数据库是系统建设的基础，其设计的科学性、合理性对提升系统处理效率起着关键作用。

一、数据库设计

数据库设计包括总体的数据库规划、各数据表的定义、字段（属性）定义、数据约束、表与表之间的关系、主要数据算法的设计等内容。

数据库设计过程中主要考虑以下原则：

①在系统总体规划和设计方案的指导下进行；

②考虑静态数据与动态数据、原始数据与结果数据、基础数据与应用数据等分类存储；

③遵守环境信息分类指标体系和编码方式；

④考虑数据资源共享，同时满足生态环境部门的保密要求；

⑤保证数据库的正确性和完整性，同时尽量降低数据冗余。

⑥从业务场景出发，满足用户需求，依据数据类型、数据生成年份等内容，创建不同数据表，同时兼顾简洁性、易用性及直观性。

二、关键数据库表关系图

关键数据库表关系如图 3-6 所示。

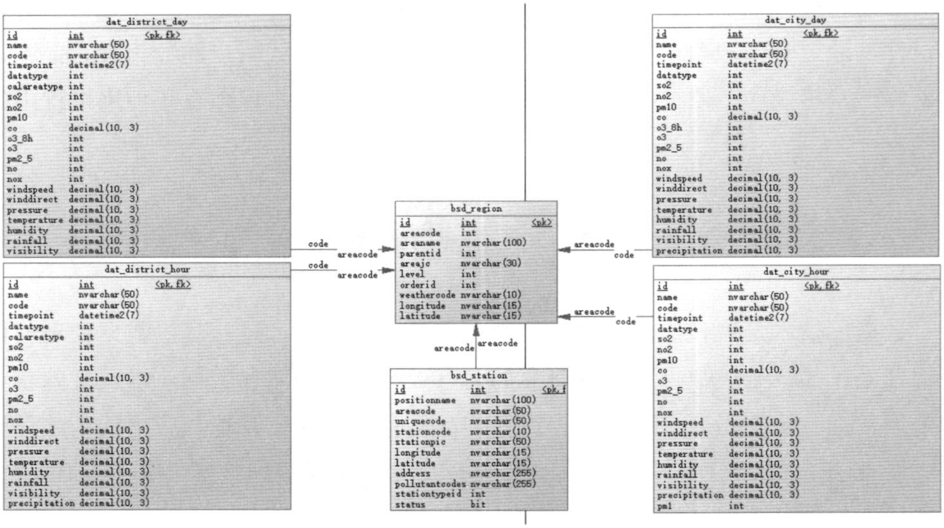

表关系图（1）

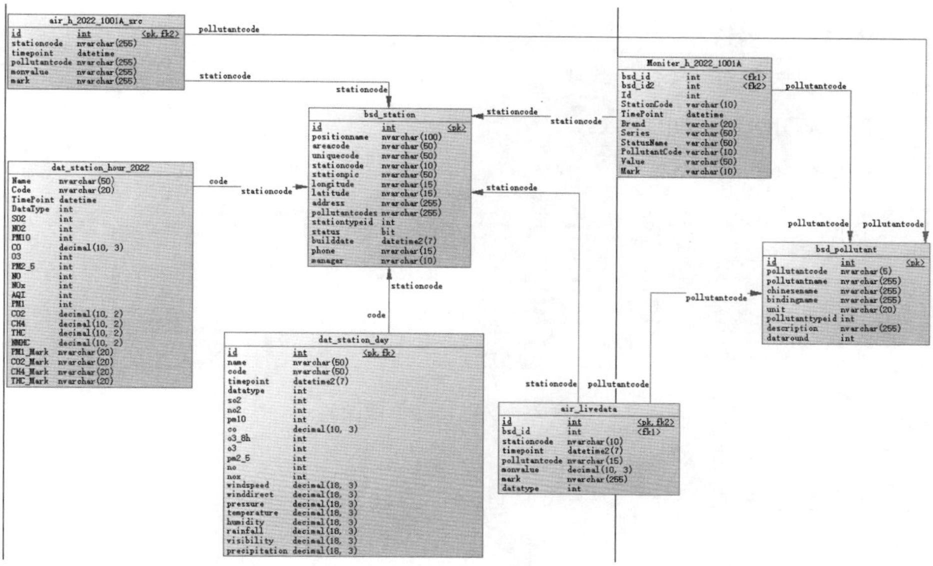

表关系图（2）

图 3-6　数据库表关系图

三、表分区技术

1. 表分区

当表中数据量不断增大，系统查询速度会相应变慢，应用程序性能也会下降，这时需要考虑对数据表进行分区。表分区指依据不同分区策略，将数据库中的一张表分解成多个更小的、容易管理的部分，分配到不同的系统分区、硬盘或是不同的服务器设备上，以实现数据的均衡分配。通过表分区可将数据均衡存储至不同存储介质中，提高数据检索的效率，降低数据库的频繁 IO 压力值，分区优点如下：

①相对于单个文件系统或是硬盘，表分区可以存储更多的数据；

②数据管理便捷、效率高，如某个时间段的数据，可按照日期分区，而后直接删除相应时间段数据即可；

③精准定位分区查询数据，无须查询整表，有效提升数据检索效率；

④可跨多个分区磁盘进行查询，有效提升查询吞吐量；

⑤极大地简化管理任务，是构建千兆字节数据系统或高可用性系统的关键工具。

2. 分区示例

系统中一些数据每天有较大增幅，且被频繁搜索。对于此种情况，使用数据库表分区技术。具体示例如下。

（1）工单表按年分区：

MTC_WORKINGORDER：

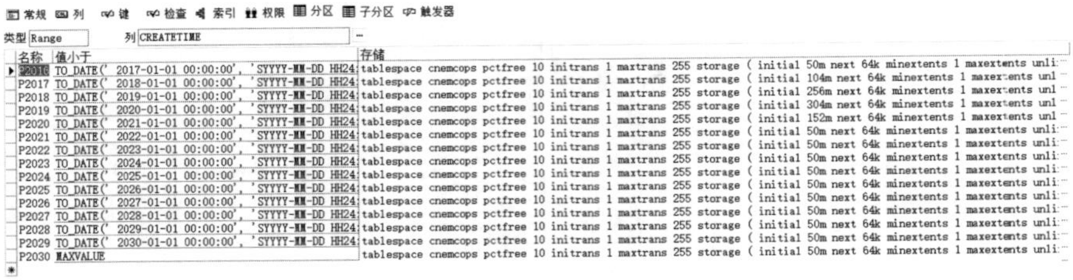

常规 列 键 检查 索引 权限 分区 子分区 触发器

类型 Range 列 CREATETIME

名称	值小于	存储
P2016	TO_DATE(' 2017-01-01 00:00:00', 'SYYYY-MM-DD HH24	tablespace cnemcops pctfree 10 initrans 1 maxtrans 255 storage (initial 50m next 64k minextents 1 maxextents unli
P2017	TO_DATE(' 2018-01-01 00:00:00', 'SYYYY-MM-DD HH24	tablespace cnemcops pctfree 10 initrans 1 maxtrans 255 storage (initial 104m next 64k minextents 1 maxextents unl
P2018	TO_DATE(' 2019-01-01 00:00:00', 'SYYYY-MM-DD HH24	tablespace cnemcops pctfree 10 initrans 1 maxtrans 255 storage (initial 256m next 64k minextents 1 maxextents unl
P2019	TO_DATE(' 2020-01-01 00:00:00', 'SYYYY-MM-DD HH24	tablespace cnemcops pctfree 10 initrans 1 maxtrans 255 storage (initial 304m next 64k minextents 1 maxextents unl
P2020	TO_DATE(' 2021-01-01 00:00:00', 'SYYYY-MM-DD HH24	tablespace cnemcops pctfree 10 initrans 1 maxtrans 255 storage (initial 152m next 64k minextents 1 maxextents unl
P2021	TO_DATE(' 2022-01-01 00:00:00', 'SYYYY-MM-DD HH24	tablespace cnemcops pctfree 10 initrans 1 maxtrans 255 storage (initial 50m next 64k minextents 1 maxextents unli
P2022	TO_DATE(' 2023-01-01 00:00:00', 'SYYYY-MM-DD HH24	tablespace cnemcops pctfree 10 initrans 1 maxtrans 255 storage (initial 50m next 64k minextents 1 maxextents unli
P2023	TO_DATE(' 2024-01-01 00:00:00', 'SYYYY-MM-DD HH24	tablespace cnemcops pctfree 10 initrans 1 maxtrans 255 storage (initial 50m next 64k minextents 1 maxextents unli
P2024	TO_DATE(' 2025-01-01 00:00:00', 'SYYYY-MM-DD HH24	tablespace cnemcops pctfree 10 initrans 1 maxtrans 255 storage (initial 50m next 64k minextents 1 maxextents unli
P2025	TO_DATE(' 2026-01-01 00:00:00', 'SYYYY-MM-DD HH24	tablespace cnemcops pctfree 10 initrans 1 maxtrans 255 storage (initial 50m next 64k minextents 1 maxextents unli
P2026	TO_DATE(' 2027-01-01 00:00:00', 'SYYYY-MM-DD HH24	tablespace cnemcops pctfree 10 initrans 1 maxtrans 255 storage (initial 50m next 64k minextents 1 maxextents unli
P2027	TO_DATE(' 2028-01-01 00:00:00', 'SYYYY-MM-DD HH24	tablespace cnemcops pctfree 10 initrans 1 maxtrans 255 storage (initial 50m next 64k minextents 1 maxextents unli
P2028	TO_DATE(' 2029-01-01 00:00:00', 'SYYYY-MM-DD HH24	tablespace cnemcops pctfree 10 initrans 1 maxtrans 255 storage (initial 50m next 64k minextents 1 maxextents unli
P2029	TO_DATE(' 2030-01-01 00:00:00', 'SYYYY-MM-DD HH24	tablespace cnemcops pctfree 10 initrans 1 maxtrans 255 storage (initial 50m next 64k minextents 1 maxextents unli
P2030	MAXVALUE	tablespace cnemcops pctfree 10 initrans 1 maxtrans 255 storage (initial 50m next 64k minextents 1 maxextents unli

图 3-7 按年分区示意图

（2）签到表先按月分区，每个月进一步按日分区：

BSD_SIGN_IN：

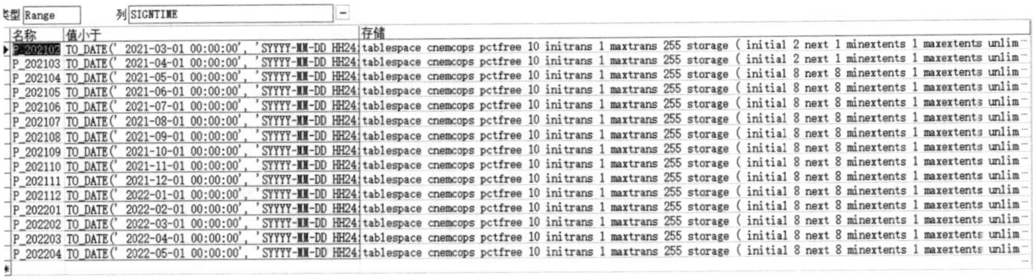

类型 Range 列 SIGNTIME

名称	值小于	存储
P_202102	TO_DATE(' 2021-03-01 00:00:00', 'SYYYY-MM-DD HH24	tablespace cnemcops pctfree 10 initrans 1 maxtrans 255 storage (initial 2 next 1 minextents 1 maxextents unlim
P_202103	TO_DATE(' 2021-04-01 00:00:00', 'SYYYY-MM-DD HH24	tablespace cnemcops pctfree 10 initrans 1 maxtrans 255 storage (initial 2 next 1 minextents 1 maxextents unlim
P_202104	TO_DATE(' 2021-05-01 00:00:00', 'SYYYY-MM-DD HH24	tablespace cnemcops pctfree 10 initrans 1 maxtrans 255 storage (initial 8 next 8 minextents 1 maxextents unlim
P_202105	TO_DATE(' 2021-06-01 00:00:00', 'SYYYY-MM-DD HH24	tablespace cnemcops pctfree 10 initrans 1 maxtrans 255 storage (initial 8 next 8 minextents 1 maxextents unlim
P_202106	TO_DATE(' 2021-07-01 00:00:00', 'SYYYY-MM-DD HH24	tablespace cnemcops pctfree 10 initrans 1 maxtrans 255 storage (initial 8 next 8 minextents 1 maxextents unlim
P_202107	TO_DATE(' 2021-08-01 00:00:00', 'SYYYY-MM-DD HH24	tablespace cnemcops pctfree 10 initrans 1 maxtrans 255 storage (initial 8 next 8 minextents 1 maxextents unlim
P_202108	TO_DATE(' 2021-09-01 00:00:00', 'SYYYY-MM-DD HH24	tablespace cnemcops pctfree 10 initrans 1 maxtrans 255 storage (initial 8 next 8 minextents 1 maxextents unlim
P_202109	TO_DATE(' 2021-10-01 00:00:00', 'SYYYY-MM-DD HH24	tablespace cnemcops pctfree 10 initrans 1 maxtrans 255 storage (initial 8 next 8 minextents 1 maxextents unlim
P_202110	TO_DATE(' 2021-11-01 00:00:00', 'SYYYY-MM-DD HH24	tablespace cnemcops pctfree 10 initrans 1 maxtrans 255 storage (initial 8 next 8 minextents 1 maxextents unlim
P_202111	TO_DATE(' 2021-12-01 00:00:00', 'SYYYY-MM-DD HH24	tablespace cnemcops pctfree 10 initrans 1 maxtrans 255 storage (initial 8 next 8 minextents 1 maxextents unlim
P_202112	TO_DATE(' 2022-01-01 00:00:00', 'SYYYY-MM-DD HH24	tablespace cnemcops pctfree 10 initrans 1 maxtrans 255 storage (initial 8 next 8 minextents 1 maxextents unlim
P_202201	TO_DATE(' 2022-02-01 00:00:00', 'SYYYY-MM-DD HH24	tablespace cnemcops pctfree 10 initrans 1 maxtrans 255 storage (initial 8 next 8 minextents 1 maxextents unlim
P_202202	TO_DATE(' 2022-03-01 00:00:00', 'SYYYY-MM-DD HH24	tablespace cnemcops pctfree 10 initrans 1 maxtrans 255 storage (initial 8 next 8 minextents 1 maxextents unlim
P_202203	TO_DATE(' 2022-04-01 00:00:00', 'SYYYY-MM-DD HH24	tablespace cnemcops pctfree 10 initrans 1 maxtrans 255 storage (initial 8 next 8 minextents 1 maxextents unlim
P_202204	TO_DATE(' 2022-05-01 00:00:00', 'SYYYY-MM-DD HH24	tablespace cnemcops pctfree 10 initrans 1 maxtrans 255 storage (initial 8 next 8 minextents 1 maxextents unlim

图 3-8 按月分区示意图

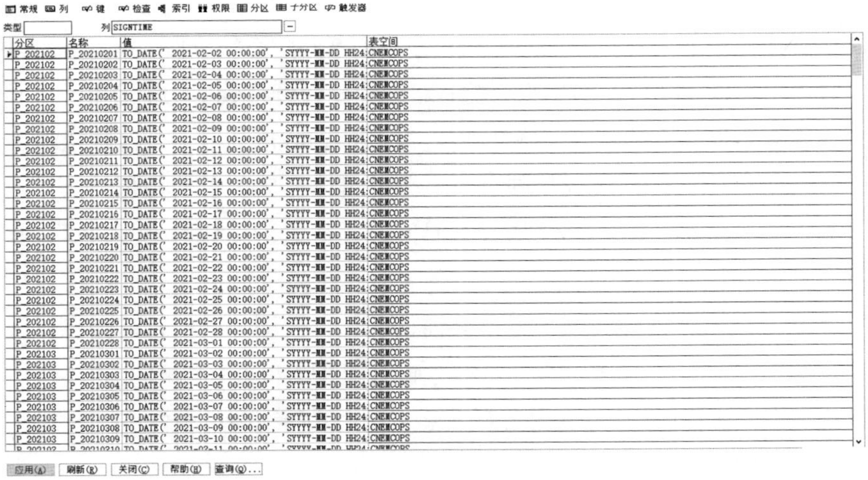

常规 列 键 检查 索引 权限 分区 子分区 触发器

类型 列 SIGNTIME

分区	名称	值	表空间
P_202102	P_20210201	TO_DATE(' 2021-02-02 00:00:00', 'SYYYY-MM-DD HH24	CNEMCOPS
P_202102	P_20210202	TO_DATE(' 2021-02-03 00:00:00', 'SYYYY-MM-DD HH24	CNEMCOPS
P_202102	P_20210203	TO_DATE(' 2021-02-04 00:00:00', 'SYYYY-MM-DD HH24	CNEMCOPS
P_202102	P_20210204	TO_DATE(' 2021-02-05 00:00:00', 'SYYYY-MM-DD HH24	CNEMCOPS
P_202102	P_20210205	TO_DATE(' 2021-02-06 00:00:00', 'SYYYY-MM-DD HH24	CNEMCOPS
P_202102	P_20210206	TO_DATE(' 2021-02-07 00:00:00', 'SYYYY-MM-DD HH24	CNEMCOPS
P_202102	P_20210207	TO_DATE(' 2021-02-08 00:00:00', 'SYYYY-MM-DD HH24	CNEMCOPS
P_202102	P_20210208	TO_DATE(' 2021-02-09 00:00:00', 'SYYYY-MM-DD HH24	CNEMCOPS
P_202102	P_20210209	TO_DATE(' 2021-02-10 00:00:00', 'SYYYY-MM-DD HH24	CNEMCOPS
P_202102	P_20210210	TO_DATE(' 2021-02-11 00:00:00', 'SYYYY-MM-DD HH24	CNEMCOPS
P_202102	P_20210211	TO_DATE(' 2021-02-12 00:00:00', 'SYYYY-MM-DD HH24	CNEMCOPS
P_202102	P_20210212	TO_DATE(' 2021-02-13 00:00:00', 'SYYYY-MM-DD HH24	CNEMCOPS
P_202102	P_20210213	TO_DATE(' 2021-02-14 00:00:00', 'SYYYY-MM-DD HH24	CNEMCOPS
P_202102	P_20210214	TO_DATE(' 2021-02-15 00:00:00', 'SYYYY-MM-DD HH24	CNEMCOPS
P_202102	P_20210215	TO_DATE(' 2021-02-16 00:00:00', 'SYYYY-MM-DD HH24	CNEMCOPS
P_202102	P_20210216	TO_DATE(' 2021-02-17 00:00:00', 'SYYYY-MM-DD HH24	CNEMCOPS
P_202102	P_20210217	TO_DATE(' 2021-02-18 00:00:00', 'SYYYY-MM-DD HH24	CNEMCOPS
P_202102	P_20210218	TO_DATE(' 2021-02-19 00:00:00', 'SYYYY-MM-DD HH24	CNEMCOPS
P_202102	P_20210219	TO_DATE(' 2021-02-20 00:00:00', 'SYYYY-MM-DD HH24	CNEMCOPS
P_202102	P_20210220	TO_DATE(' 2021-02-21 00:00:00', 'SYYYY-MM-DD HH24	CNEMCOPS
P_202102	P_20210221	TO_DATE(' 2021-02-22 00:00:00', 'SYYYY-MM-DD HH24	CNEMCOPS
P_202102	P_20210222	TO_DATE(' 2021-02-23 00:00:00', 'SYYYY-MM-DD HH24	CNEMCOPS
P_202102	P_20210223	TO_DATE(' 2021-02-24 00:00:00', 'SYYYY-MM-DD HH24	CNEMCOPS
P_202102	P_20210224	TO_DATE(' 2021-02-25 00:00:00', 'SYYYY-MM-DD HH24	CNEMCOPS
P_202102	P_20210225	TO_DATE(' 2021-02-26 00:00:00', 'SYYYY-MM-DD HH24	CNEMCOPS
P_202102	P_20210226	TO_DATE(' 2021-02-27 00:00:00', 'SYYYY-MM-DD HH24	CNEMCOPS
P_202102	P_20210227	TO_DATE(' 2021-02-28 00:00:00', 'SYYYY-MM-DD HH24	CNEMCOPS
P_202102	P_20210228	TO_DATE(' 2021-03-01 00:00:00', 'SYYYY-MM-DD HH24	CNEMCOPS
P_202103	P_20210301	TO_DATE(' 2021-03-02 00:00:00', 'SYYYY-MM-DD HH24	CNEMCOPS
P_202103	P_20210302	TO_DATE(' 2021-03-03 00:00:00', 'SYYYY-MM-DD HH24	CNEMCOPS
P_202103	P_20210303	TO_DATE(' 2021-03-04 00:00:00', 'SYYYY-MM-DD HH24	CNEMCOPS
P_202103	P_20210304	TO_DATE(' 2021-03-05 00:00:00', 'SYYYY-MM-DD HH24	CNEMCOPS
P_202103	P_20210305	TO_DATE(' 2021-03-06 00:00:00', 'SYYYY-MM-DD HH24	CNEMCOPS
P_202103	P_20210306	TO_DATE(' 2021-03-07 00:00:00', 'SYYYY-MM-DD HH24	CNEMCOPS
P_202103	P_20210307	TO_DATE(' 2021-03-08 00:00:00', 'SYYYY-MM-DD HH24	CNEMCOPS
P_202103	P_20210308	TO_DATE(' 2021-03-09 00:00:00', 'SYYYY-MM-DD HH24	CNEMCOPS
P_202103	P_20210309	TO_DATE(' 2021-03-10 00:00:00', 'SYYYY-MM-DD HH24	CNEMCOPS

应用(A) 刷新(R) 关闭(C) 帮助(H) 查询(Q)...

图 3-9 按日分区示意图

四、数据库表设计

项目涉及的数据库如表 3-1 所示：

表 3-1 数据库概况

序号	数据库	表名	作用
1	工单数据库	mtc_workingorder	工单主表
2		mtc_workingorderdetail	工单步骤日志表
3		mtc_ordertaskitem	工单巡检任务项表
4		mtc_faultcontent	工单故障现象表
5		wfl_workflow	工单流程配置表
6		wfl_task	工单流程步骤表
7	工单数据库	pw_unitplan	工单计划主表
8		pw_task	工单计划表
9		pw_taskitem	工单计划巡检项子表
10		rf_w_gaseouscheck_so2	周巡检：二氧化硫（SO_2）分析仪运行状况检查记录表
11		rf_m_gaseousflowcheck	月巡检：气体分析仪流量检查记录表
12		rf_q_gaseousmultipoint_so2	季度巡检：气体分析仪（二氧化硫）多点校准记录表（每季度）
13		rf_hy_visibilitycali	半年巡检：能见度分析仪校准记录表（每半年）
14	基础数据库	bsd_pollutant	污染物表
15		bsd_region	区域信息表
16		bsd_station	站点表
17		bsd_sign_in	签到表
18		bsd_sign_out	签退表
19		bsd_supply	耗材表
20		bsd_warehouse	仓库配置表
21		bsd_device	设备表
22		bsd_devicebrand	设备品牌表
23		bsd_devicemodel	设备型号表
24		bsd_devicetype	设备类型表
25		SYS_Department	部门信息表

序号	数据库	表名	作用
26	基础数据库	SYS_Permission	权限表
27		SYS_PermissionRule	权限规则表
28		SYS_User	用户表
29		SYS_Role	角色表
30		SYS_UserRole	用户角色关系表
31		SYS_DataDictionaryItems	字典表
32	报警数据库	alm_rule	报警规则表
33		alm_levelrule	报警等级表
34		alm_summary	报警工单主表
35		alm_summarydetail	报警工单步骤日志表

第六节 系统管理设计

系统管理包括系统用户管理和系统配置两方面内容，其中系统用户管理分为单位信息管理、用户信息管理、角色管理、权限配置；系统配置分为功能管理、字典管理、菜单管理、系统日志等功能。具体设计如图 3-10 所示。

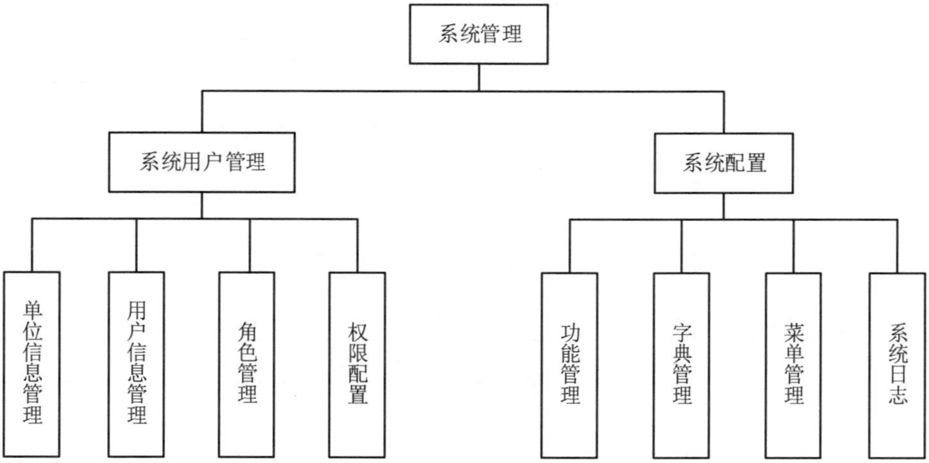

图 3-10 系统管理功能设计

一、系统用户管理

国控城市站点运维管理工作涉及总站、省/市级站、现场检查单位、运维单位、网络检查单位、手工比对单位等诸多单位用户。不同层级用户工作职责分工不同，对系统有不同层次的功能需求。系统需要设计灵活的用户管理及组织权限分配功能，满足不同工作需要，具体实现如下。

1. 单位信息管理

运维管理体系中，不同单位涉及管理的站点有所不同。通过单位信息管理，可实现对系统不同用户单位相应维护管理站点信息的查看权限进行统一快速分配，从而简化用户权限管理。系统管理员可以对单位信息进行查询、增加、修改、删除的操作。

2. 用户信息管理

用户信息管理主要是创建和管理用户，包括增加、删除用户，修改用户基本信息，为用户赋予角色、设定所属单位等。

3. 角色管理

通过角色管理可简化权限管理，对角色是否拥有系统内某个页面的访问权限进行控制。

4. 权限配置

权限管理模块负责将每个模块的所有功能拆分成独立的操作进而形成一系列权限，以仪器设备管理为例，设置了仪器设备入库管理、仪器设备信息管理、仪器设备参数管理、仪器设备使用情况管理、仪器设备报废管理、备机综合管理六大板块权限，并在各板块权限下进行进一步权限细分。

二、系统配置

1. 功能管理

功能管理可以实现系统功能模块的自由扩展和删除，对已有模块功能进行权限配置、模块功能信息配置等操作。

2. 字典管理

字典管理主要是用来管理系统中的公共数据。可以进行字典的查询、添加、修改、删除等操作。

3. 菜单管理

菜单管理负责管理菜单导航栏下的所有类目，可以调整和管理业务应用系统中业务模块、辅助模块以及权限管理系统中各模块布局，上下级联动关系和路径，实现菜单的动态配置。

4. 系统日志

系统日志主要用来记录系统运行的轨迹，在此基础上跟踪分析错误，审计系统运行流程。运维管理系统日志的内容可以分为两类，一类是业务级别的日志，主要用于记录所有用户对系统操作的情况；另一类是系统级别的日志，供开发者维护系统稳定运行。

三、基于用户角色类型的个性化界面设计

依据总站、省/市级站、网络检查单位、现场检查单位、手工比对单位、运维单位不同类型用户关注的重要信息不同，对不同用户的平台界面进行个性化设计，从而便于用户直观、便捷地查看与操作，提升工作效率和用户体验度。

1. 总站界面

首页通过 GIS 地图显示全国报警站点及报警信息列表，并以图表方式显示 1 734 个站点实时联网状态、最近 24 h 数据获取率、质控合格率等信息。显示检查单位例行检查发现的重要问题，检查单位计划外检查上传最终报告的工单，数据复核时每日打回的站点数量，一周内打回数据超过 4 天的站点，参数变更报警的站点等信息，并设计对应的链接跳转功能，确保总站用户通过首页就能完成基本的监管工作。

2. 省/市级生态环境部门界面

省/市级站系统界面展示内容包括：省/市级用户权限范围内国控城市站点监测数据、上一小时报警站点信息、站点联网情况、运维情况统计表、数据有效天数统计表等，点击对应界面可查询详细情况。

3. 网络检查单位、手工比对单位、运维单位、现场检查单位界面

网络检查单位、手工比对单位、运维单位、现场检查单位负责的业务工作有所不同，但是工作流程有相同之处，故系统界面大致相同，包含 4 个板块。

（1）待办事项

此板块为共用板块，显示所有待办事项工单，包括运维计划工单、计划外工单、停电工单、报警工单、站点变更工单、异常运维工单、进站申请工单、手工

比对工单等，用户可直接进入子界面开展工作，不需要通过主界面逐级访问找到所需子界面，从而提高工作效率，减少系统访问页面对数据库读取数据的压力。

（2）通知公告

通知公告板块便于更好地促进使用系统的各单位之间及单位内部的沟通，快速地进行工作安排部署，提高工作效率。通知公告可帮助用户第一时间获悉通知、工作安排及部署等信息。

（3）当日计划

此板块为动态板块，根据角色类型不同展示不同的页面内容，其中，网络检查单位对运维单位、现场检查单位的工单进行检查，并将检查结果形成统计表，每周自动生成检查周报；运维单位、现场检查单位、手工比对单位可查看上月制定的工作计划。

（4）绩效情况

此板块可展示站点当月运维绩效结果，点击可查看绩效核算明细，可以展示站点扣款原因，便于运维人员有针对性地开展整改工作，确保站点稳定运行。

第七节　系统性能设计

一、处理延时

处理延时主要指忽略网络堵塞等网络环境故障因素，系统完成与仪器设备的通信后，在网络传输前后所做的数据加密、封包、解包和入库操作所耗时间。

系统保证对每次采集的数据包加密、封包、入库操作的总平均耗时不大于 1 s，即因软件系统相关处理环节造成的数据传输延时不超过 1 s。

二、响应时间

系统采用分布式缓存技术，使业务与数据分离，从而实现软件的高性能运作。

系统一般性数据保存、修改、删除等操作的响应反馈速度控制在 2 s 内，Web 应用程序控制在 5 s 内；少量数据查询时间在 5 s 内，10 万条数据的简单查询及统计不超过 10 s，百万条数据的查询及统计不超过 20 s，复杂综合性跨模块查询及统计不超过 60 s。

三、持续时间

系统可靠和稳定性方面，要求满足 7×24 h 连续运行条件下，可靠性达到99.99%。

四、数据库性能

对数据库进行分割，将实时更新的数据库同步复制到另外一个库中，该库以读操作为主，索引则建立在只读库中，实现读写分离，提高数据库工作效率。

五、服务器负载均衡

通过服务器负载均衡机制，保证用户访问流量能在各服务器上均衡分配，提高服务器资源的利用率。

本系统使用与数据库服务器性能相仿的服务器作为业务应用需求及备份，对数据库服务器数据进行热备份，一旦数据库服务器发生故障，可快速切换至该备用服务器，可避免对数据接收和在线审核、仪器设备运行监控工作产生影响。

第八节　系统安全体系设计

系统安全需要从整体的角度考虑，而不是单纯依靠某种产品或者某种技术来保证。从体系结构来看，系统安全是一个多层次、多方面的结构。针对当前系统的特点，并结合《信息安全技术　网络安全等级保护基本要求》（GB/T 22239—2019）第三级的安全要求，分别从以下因素来进行安全设计：系统及软件安全、身份鉴别、访问控制、网络安全、数据存储安全及完整性等。

一、系统及软件安全

为保证系统高效、稳定运行，除了对系统进行合理配置和日常维护，还需修复系统自身存在的安全漏洞，防止不法分子利用安全漏洞对系统进行破坏。主要采取以下两个方面的措施。

1. 选择适用的防病毒软件

从网络管理和病毒监控的角度考虑，使用网络版防毒软件。因网络版防毒软件的管理功能更强大，管理员不仅可以通过对服务器端进行升级实现客户端自动升级，还可对所有安装客户端的计算机进行病毒监控、远程杀毒。另外，网络版防毒软件针对服务器的网络操作系统进行了功能优化，进一步提高了服务器防毒能力、运行的安全性和稳定性。因此，在系统网络中安装具有实时扫描的网络版防病毒软件，网管员可通过服务器对所有计算机进行监控（包括客户端是否安装了防毒软件、病毒库是否更新、是否感染了病毒等情况），及时发现、处理异常情况，有效提高管理水平和工作效率。

2. 自动更新操作系统

系统使用 Windows 操作系统，依据微软发布修复系统漏洞的补丁，及时自动更新操作系统，确保操作系统安全。

二、身份鉴别

常用的身份鉴别技术包括基于口令的鉴别方式、基于智能卡的鉴别方式、基于生物特征的鉴别方式、一次性口令鉴别方式。

系统身份鉴别采用口令鉴别的方式，用户在登录系统时需要输入正确的口令（不少于 12 位登录密码，大小写字母、数字、字符三种类型组合）进行登录。

三、访问控制

访问控制技术指限制访问主体对客体的访问，保障数据资源在合法范围内得以有效使用和管理，避免非法用户的侵入或合法用户的不慎操作所造成的破坏。

系统采用基于角色的访问控制模型（Role-Based Access Control，RBAC），可根据职能、机构的需求，对用户进行角色分类，然后依据角色类型设置访问权限，实现用户与访问权限的逻辑分离，达到灵活控制用户访问权限的目的。

四、网络安全

网络安全设计是当前系统安全设计最为重要的方面，其任务主要是防御来自计算机网络的（恶意或非恶意的）软件攻击以及防范不断变种的网络病毒，如木马病毒、蠕虫病毒等，从而保证计算机操作系统以及其他应用层软件的安全。基于网络安全，国控城市站点监测数据、仪器设备参数及运行状态等信息通过 VPN 进行传输上报。

五、数据存储安全及完整性

数据存储安全主要包括文件系统安全和数据库安全，其主要任务是提高数据的容错性及可恢复能力。

针对系统用户角色种类多、分布广、数据传输环节多的现状，首先，系统采用了合理的数据库设计方式确保数据库安全，其次，在数据传输过程中使用完整性敏感标记来确认信息在传送中是否受损，以防止非授权用户修改或破坏敏感信息，确保数据的完整性。此外，系统具备定时数据备份与数据恢复的功能，可在系统数据被破坏或因故障丢失时，恢复系统数据，保证系统数据的安全与完整。

第四章　数据传输及审核/复核管理设计与实现

第一节　需求分析

一、实时数据采集/接入及通信传输

国控城市站点运维管理工作涉及的数据信息种类多样、数据量庞大、数据审核管理难度大。实时采集数据信息主要包括 1 734 个国控城市站点的 SO_2、NO_2（NO、NO_x）、CO、O_3、PM_{10}、$PM_{2.5}$ 6 项污染物监测数据、质控数据、仪器设备参数及状态数据、运维及现场检查数据、气象数据（包括风速、风向、温度、湿度、气压）、站房动力及环境参数、安防数据等。需要采集的项目如表 4-1 所示。

表 4-1　采集及传输项目

类别	采集/接入及通信传输项目
监测数据	SO_2、NO_2（NO、NO_x）、CO、O_3、PM_{10}、$PM_{2.5}$
质控数据	SO_2 分析仪、NO-NO_2-NO_x 分析仪、CO 分析仪、O_3 分析仪的零/跨检查校准、多点检查、精度检查等结果
仪器设备参数及状态数据	SO_2 分析仪、NO-NO_2-NO_x 分析仪、$PM_{2.5}$ 分析仪、PM_{10} 分析仪、CO 分析仪、O_3 分析仪及辅助设备等仪器设备的各项指标参数，如 K 值、斜率、截距、采样流量、反应室温度、相对湿度、过滤器质量等数据
运维及现场检查数据	运维数据、现场检查数据
气象数据	风速、风向、温度、湿度、气压
站房动力及环境参数	站房空调运行状态参数、电源电压、站房温度、站房湿度、采样总管温度、采样总管湿度、总管静压、烟感探测器、CO 泄漏检测
安防数据信息	视频监控、门禁机记录站房内外部实时画面、门禁出入记录数据

根据国控城市站点业务管理工作内容及要求，分析在线采集/接入及通信传输技术存在的技术难点如下：

1. 不同仪器设备数据采集方式不统一

环境空气质量监测仪器设备供应厂商众多、各类监测方法并存、设备新旧不一、通信与控制协议各异，建立一个兼容各类设备，实施可实时数据采集、统一传输及远程控制的数据采集及传输模块是一个技术难点。

联网工作初期，不同监测仪器对数据通信接口的统一要求和规范尚未形成，故不同厂家的仪器设备可能支持不同的通信方式（IP 网络/串口/模拟中的一种或多种），采用不同的甚至是私有的通信协议，以上情况增加了子站数据采集方面的难度[8]。子站数据采集及传输模块的开发须考虑如何适配不同厂家不同型号的仪器设备。

2. 数据的及时性、完整性难以保证

在数据传输时，时常会因多种原因出现网络不通等情况，从而导致数据传输中断，待网络修复后再继续传输数据。在此过程中，虽然自动仪器设备仍在正常运转，但是由于网络传输问题，数据不能完整地传输至中心服务器，同时又缺少相应的补发手段，由此会导致数据缺失。由于国控城市站点涉及范围广，数据量巨大，需同时向中心服务器上传，传统的传输方式难以保障数据及时且完整地传输至中心服务器。

针对上述问题，为确保采集及传输数据的完整性、及时性、准确性，亟须开发设计一个适用于多种仪器设备、具有数据备份及智能化回补机制、可实现实时统一传输的数据采集、传输模块。

二、数据审核

事权上收后，国控城市站点监测数据采取三级审核的方式确保数据的真实性、准确性。原始数据通过系统实时数据采集、传输模块，运用“一点三发”方式发送到总站、省站、市站。监测数据类别为 SO_2、NO_2（NO、NO_x）、CO、O_3、PM_{10}、$PM_{2.5}$ 6 项污染物的 5 min 均值、小时值及日均值。运维单位负责对数据进行初审，对仪器设备质控、故障、运行不稳定期间产生的数据做无效处理；总站负责对数据进行复审和终审。总站复核人员需要对小时数据进行人工复核。事权上收初期主要采用手工方式对数据进行异常识别，即通过绘制日均图、月均图判断各监测指标的异常波动和离群程度等。这种方式需要大量的人力资源，面对海量的监测

数据，人工审核往往会有遗漏或者误判的情况，人工手动审核数据存在一定的滞后性。因此，非常有必要利用当前先进的大数据、计算机等技术手段，开发自动异常数据识别及预标识、平台端异常数据报警提示、数据复核辅助分析工具等功能，为国控城市站点监测数据审核提供技术支撑，使工作效率和数据质量得到大幅提升。

三、数据管理

国控城市站点产生的数据类型涉及文本、图像、视频等。数据种类包括监测数据、质控数据、仪器设备参数及状态数据、运维及现场检查数据、气象数据、站房动力及环境参数、安防数据等。其中，监测数据又分为实时数据和历史数据，而质控数据、仪器设备参数及状态数据、运维及现场检查数据、气象数据、站房动力及环境参数等反映了监测数据产生的过程，其对保障监测数据质量的重要性不言而喻。鉴于国控城市站点监测数据及运维相关数据的作用及其重要性，数据管理功能开发时充分考虑了数据管理的安全性和保密性，防止数据未经授权被截取、拦截甚至篡改。为确保监测数据系统完整、管理规范，提高数据利用率，亟须针对运维、质控管理工作过程中产生的海量多源异构数据建立一套行之有效的统一存储管理模式。

第二节　关键技术

一、实时数据采集及统一传输技术

数据采集及传输是运维管理系统最基本的组成部分。国控城市站点的监测数据、质控数据、仪器设备参数及状态数据、气象数据等信息的实时采集与传输是系统建设的首要任务和工作重点之一。

1. 实时数据采集

实时数据采集指从仪器设备上实时获取数据，系统依据设定时间间隔，以一定次序依次向各仪器设备发送数据采集指令，仪器设备向模块返回数据字符串，系统采集到数据后自动进行分析计算处理，同时按照所执行的技术标准、规范进行统计计算并上报。为适应业务变动需求，数据采集及传输系统可设置 5 s、15 s、30 s、1 min 等多种采集频度。

系统可实现对现有国控城市站点中 SO_2、NO_2（NO、NO_x）、CO、O_3、PM_{10}、$PM_{2.5}$ 等污染物监测数据，风速、风向、温度、湿度、气压等气象数据，以及仪器设备参数等数据信息连续自动实时采集，并依据总站业务要求进行统计。依据《环境空气质量标准》（GB 3095—2012），数据统计有效性按以下要求（表 4-2）进行。

表 4-2 数据有效性最低要求

污染物项目	平均时间	数据有效性规定
二氧化硫（SO_2）、二氧化氮（NO_2）、颗粒物（粒径小于等于 10 μm）、颗粒物（粒径小于等于 2.5 μm）、氮氧化物（NO_x）	24 小时平均	每日至少有 20 个小时平均浓度值或采样时间
臭氧（O_3）	8 小时平均	每 8 小时至少有 6 小时平均浓度值
二氧化硫（SO_2）、二氧化氮（NO_2）、一氧化碳（CO）、臭氧（O_3）、氮氧化物（NO_x）	1 小时平均	每小时至少有 45 min 的采样时间

2. 数据传输

数据传输是把站点数据传回中心服务器，进行分析处理、存储及展示。数据传输要确保传输过程稳定、安全。稳定是指在网络正常的情况下，数据能及时传回中心服务器，当发生由外部引起的网络异常时，待网络恢复后及时将滞留数据完整上传至中心服务器，实现数据回补。安全是指传输过程中，依据约定传输协议进行编码并通过 VPN 网络上传到服务器端解码存储数据。

国控城市站点数据采集及传输模块通过“多路传输机制”“无差异向上备份”和“优化通信字符串技术”等通信方式，可实现子站数据“一点三发”的功能，确保数据能无差别实时传输至多个服务平台，便于后续数据审核工作的开展。

数据采集及传输模块，通信包结构及组成与现行通信标准《污染物在线监控（监测）系统数据传输标准》（HJ 212—2017）原则上保持一致，并结合国家及部分省市环境空气质量监测网现状进行兼容性设计，一方面确保当前业务稳定安全执行，另一方面当日后新增通信要求时，可方便整改网络通信协议，在不影响原有功能的前提下，快速满足新的需求。该方法的主要步骤如下：

①通信双方约定每一项通信任务的通信内容及执行方式；

②通信双方根据上述约定的通信内容和执行方式生成网络通信语句；

③通信双方中任一方收到对方发送的网络通信语句后，将该语句分割为若干个顺序间隔排队的部分；

④根据预定义的解析方法，将上述分割后的语句各个部分解析为计算机可识别的字符指令，并执行对应操作。

根据业务管理需求，可通过数据采集及传输模块设定合适的网络传输参数，包括指定上级中心站数据通信服务器地址和端口以及数据上报的频度。数据采集及传输模块则按照配置参数执行数据上报逻辑。具体过程如图 4-1 所示。

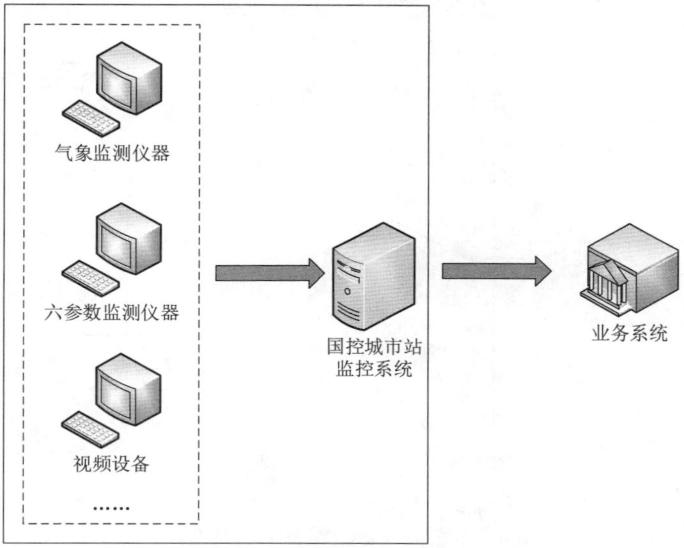

图 4-1　数据采集与传输流向

3. 数据备份及智能化回补机制

在数据传输过程中，采用双向备份机制以及传输中断或错误时的数据智能化回补策略，通过设定固定的程式，在网络异常中断或传输异常时，系统可进行智能识别并及时回补缺失数据，保证数据传输过程的准确性、有效性、实时性和高效率性。相较于传统式的重传机制，有效减少了因反复传输和不必要传输所带来的长时间消耗以及高网络带宽占用。

二、多品牌仪器设备统一智能接入技术

仪器设备智能接入技术主要解决不同品牌型号设备、不同现场环境需求下，仪器设备的连接问题。

根据多品牌型号设备接入经验，针对不同厂家、不同型号的监测仪器，采用“适配器”的设计模式。

适配器设计模式是抽象出系统与各型号仪器通信的共性特点，以组件技术将通信的具体实现与通信接口调用方分离，配以动态加载、延迟绑定等软件实现技术，实现不同型号设备的智能适配，有效解决目前国控城市站点采购仪器设备的接口差异性问题。智能仪器适配方案如图 4-2 所示。

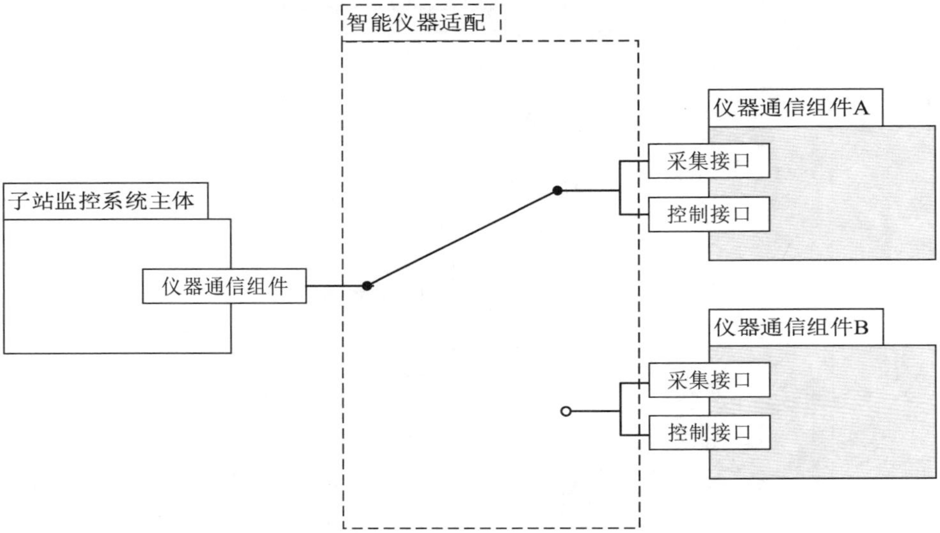

图 4-2 智能仪器适配方案示意图

此外，设计新型实用的环境空气质量监测仪器设备的串行通信连接装置，通过使用 RS-485/232 串行转换器更改串行口的数据流向，使各个数据端口成总线型拓扑结构，一个端口能同时传输和接收到多个端口的数据，达到通信过程公开的目的，以允许第三方设备对通信过程进行监控或介入。实现过程主要分为通信接口硬件改造、并行采集连接、设备驱动三个方面。

①系统通过各类型总线接入器，如 RS-232/485 转换器、数模转换器等，使工控机可通过 RS-232 串口与所有设备进行通信，有效降低通信成本并增加系统的可靠性。

②通过并行采集技术，使仪器设备可与多台计算机通信，实现设备与计算机多对多连接的方式，满足越来越庞大、复杂的通信连接需求。

③通过设备驱动的方式支持各设备的通信，解决多类型、多品牌型号设备统一接入的问题，并可快速接入新增设备。

通过此种方式，解决环境空气质量监测仪器设备的并行数据采集，即多套系统同时读取多台监测仪器设备数据的问题，满足国控城市站点同时使用多套采集系统并保证数据统一的需求。

三、异常数据自动识别技术

为了减少无效数据量，提升后续人工审核效率，需要对采集的监测数据进行异常数据自动识别，包括子站端异常数据自动标识处理、数据自动修约以及平台端异常数据识别等。数据审核流程见图 4-3。

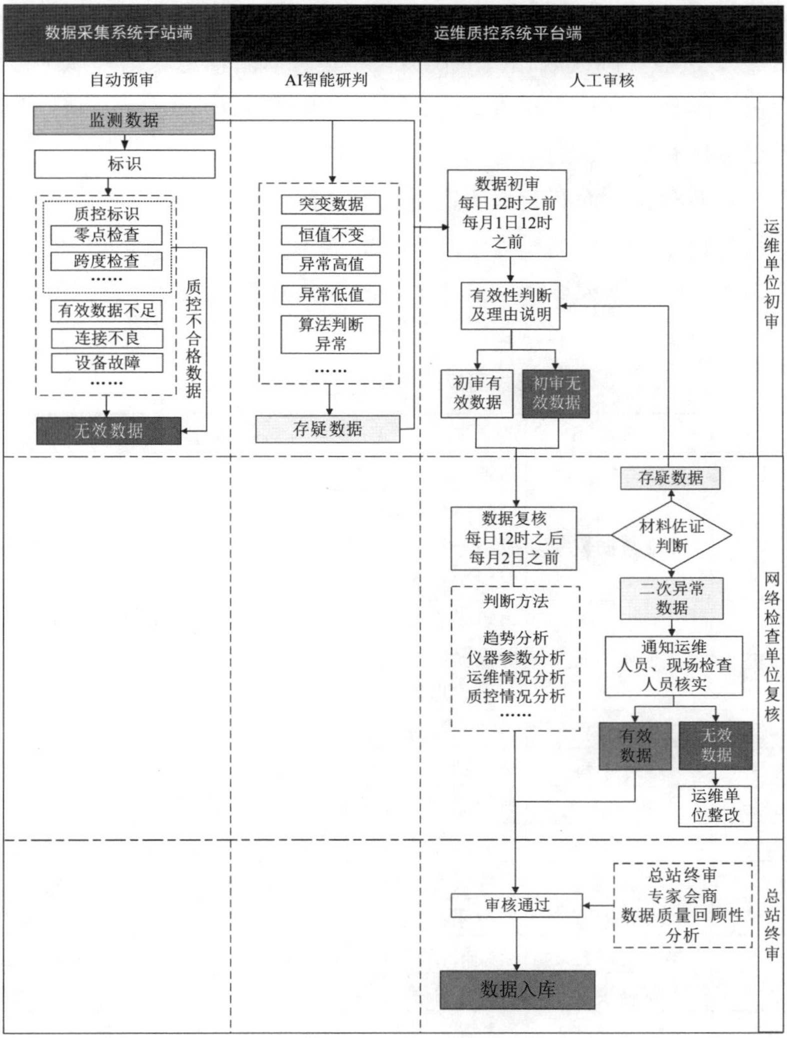

图 4-3　数据审核流程图

1. 子站端异常数据自动标识处理技术

子站端异常数据自动标识处理技术，主要通过采集仪器设备的状态值来进行初步判断。从子站现场采集的数据不仅包括监测数据、仪器设备参数及状态数据，同时还包括仪器设备的运行状态，其标识库较全面反映了仪器设备在停电、报警、质控检查操作期间的状态。预审程序可以根据既定要求进行数值规范，仪器设备运行状态的初步判定，低于/高于仪器设备检测限及超高/超低异常数据的识别，并根据标识规范对数据做出相应标识。

数据标识赋予规则：对于连续性数据（分析周期小于或等于实时值采集秒数的监测项目），按照实际读取相关的仪器设备运行状态信息与信号赋予标识。对于周期性数据（分析周期大于实时值采集秒数的监测项目），每当从相关仪器设备读取到可赋予数据有效标识的信息与信号后，则在其设定周期所需时间内每次均保持赋予数据有效标识，而在超过所需时间后仍然没有读取到可再次赋予数据有效标识的信息与信号，则赋予等待标识“W”，或每次均按照实际读取信息与信号赋予相应标识。目前，国控城市站点所采用的部分异常数据标识规范见表 4-3。

表 4-3　国家网数采自动标识规范表

序号	标识	标识说明	备注
1	H	有效数据不足	当某个时间段的有效数据个数低于标准时，该标识被激活
2	W	等待数据恢复	与分析仪成功通信后，由于接线松动或仪器故障等原因，造成与分析仪器通信失败，且超过了有效数据的生成周期时，该标识被激活
3	BB	连接不良	当数采启动后，一直没有与分析仪器成功通讯时激活；与分析仪器成功通信一次或以上时，该标识将被清除，且数采在下次重启前不会再打上该标识
4	D	分析仪离线	维护、维修、更换等
5	B	运行不良	检测到相关分析仪、辅助设备等出现的任何报警信息（信号）
6	HSp	数据超上限	当数据超过在数采仪上设定的报警上限时，该标识被激活
7	LSp	数据超下限	当数据低于数采仪上设定的报警下限时，该标识被激活
8	PZ	零点检查	当数采在执行零点检查质控任务时，该标识被激活
9	PS	跨度检查	当数采在执行跨度检查质控任务时，该标识被激活
10	AS	精度检查	当数采在执行精度检查质控任务时，该标识被激活
11	CZ	零点校准	当数采在执行零点校准质控任务时，该标识被激活
12	CS	跨度校准	当数采在执行跨度校准质控任务时，该标识被激活
13	RM	已删除数据	当前数据无效

序号	标识	标识说明	备注
14	PF	流量检查	设备流量检查、校准
15	PM	质量检查	颗粒物标准膜检查、校准
16	PT	温度压力校准	温度压力检查维护
17	Re	自动回补数据	数采从分析仪器回补的数据
18	TSL	多点检查	仪器设备多点检查维护

2. 自动修约技术

部分仪器设备小时监测结果出现负值或零值时，需依据《环境空气颗粒物（PM_{10}、$PM_{2.5}$）连续自动监测系统技术要求及检测方法》（HJ 653—2021）、《环境空气气态污染物（SO_2、NO_2、O_3、CO）连续自动监测系统技术要求及检测方法》（HJ 654—2013）、《关于开展国家环境空气质量监测网数据在线审核工作的通知》（环办函〔2014〕1487 号）等文件的相关规则对数据进行修约。因仪器设备故障、运行不稳定或其他监测质量不受控情况下出现的负值和零值，均按无效数据处理。在环境空气中各项污染物浓度均处于极低水平的条件下，部分仪器设备小时监测结果出现负值或零值时，需依据污染物浓度监测结果小时值负值及零值修约规则（表 4-4）进行处理。

表 4-4　污染物浓度小时值零负值修约规则

项目	浓度区间	修约结果
二氧化硫（SO_2）	≤−14 μg/m³	无效
	−14～0 μg/m³	3 μg/m³
二氧化氮（NO_2）	≤−10 μg/m³	无效
	−10～0 μg/m³	2 μg/m³
臭氧（O_3）	≤−10 μg/m³	无效
	−10～0 μg/m³	2 μg/m³
一氧化碳（CO）	≤−1 mg/m³	无效
	−1～0 mg/m³	0.3 mg/m³
颗粒物 PM_{10} 或 $PM_{2.5}$	≤−5 μg/m³	无效
	−5～0 μg/m³	2 μg/m³

系统内嵌污染物浓度监测结果小时值负值及零值修约规则，可便于审核人员确认后对零值及负值进行快速自动修约处理。

3. 平台端异常数据处理技术

系统具备平台端异常数据识别功能，通过比较各类统计分析数学模型在质量控制方面的应用情况，从环境空气质量监测数据特征、监测数据与其他相关数据关联关系角度，设计有效且可实施的环境空气质量监测数据平台端异常识别技术方法。平台端通过对仪器设备运行状态、超上下限、倒挂、数据有效性等判断，结合数据时间序列的变化幅度、空间相邻站点的浓度对比、不同监测物之间的关联性等维度利用统计分析模型构建异常数据识别算法，并结合历史监测数据实现机器深度学习以及模型参数、性能的不断优化调整，从平台系统前端实现自动化、智能化的异常数据自动识别，从而辅助人工进行异常数据识别判断。系统内嵌异常数据识别模型具体内容如下。

（1）基于环境监测数据关联关系的异常数据识别模型

该模型充分考虑气象条件对监测数据的影响，以及监测数据的时间连续性和变化特点，解决多源监测数据缺少自动化质量控制手段的问题，实现自动识别、筛选、判定可疑数据的功能。模型构建及异常数据识别步骤为：

①将监测数据分为训练数据、验证数据和测试数据，用训练数据构建模型，再根据平均绝对误差，用验证数据选择模型的最佳参数；

②模型构建并完成调试后，经过测试数据测试，嵌入运维管理系统。系统上根据实时监测数据与模型给出下一时刻的预测值，计算预测结果与真实值的绝对误差值，通过比较绝对误差值与平均绝对误差±30%真实值，判断实测值是否异常。

（2）基于相似距离判别的单指标数据质量控制方法

该模型充分考虑城市相近站点之间数据变化情况可能具有共同特点的特性，从数据变化趋势、波动性、站点之间的关联性出发判断数据是否存在异常现象。利用计算机自动化循环和识别技术建立数据自动化审核机制，保障数据质量。

（3）基于站房内外部环境和设备运行状态的异常数据识别

该模型基于环境监测信息的联动报警实现异常数据识别，将监测设备采集的温度、压力与气象温度和压力进行比对，及预测室内湿度值与实际室内湿度比对，如比对结果超出设定值，即产生异常报警。

（4）基于 XGBoost 算法的 $PM_{2.5}$ 异常数据识别

该模型利用 XGBoost（eXtreme Gradient Boosting）集成提升方法，基于历史数据构造包括基础特征、历史数据特征、气象特征、污染物特征四大类特征。充分利用各类特征的有效信息，通过将机器学习应用到审核模块并定期进行迭代优化，实现数据异常识别自动化及实时数据质量控制，辅助人工精准识别异常数据，有效减少人工审核的局限性。模型构建及异常数据识别步骤为：

①对国控城市站点采集 6 项污染物的小时数据进行预处理，保证数据质量；

②对原始数据进行观察，构建四大类特征；

③运用 XGBoost 算法进行模型训练与测试，对于模型识别后的异常数据进行进一步分析，分析后的数据用于后续调整模型参数，改善模型性能；

④运维事件标识并去除，将运维前、后时间段对数据造成影响的时间进行标识并剔除相应监测数据；

⑤通过分析站点气象数据，结合监测数据情况综合判断数据有效性；

⑥对其他原因导致的站点数据发生变化，进行数据分析时再次判定关键参数的异常情况。

四、VPN 技术

监测子站和数据平台之间的传输网络可以是生态环境业务专网、VPN 虚拟专用网络或互联网。为保障数据传输安全，采用 VPN 进行传输。VPN 技术是虚拟专网（Virtual Private Network）技术的简称，指的是在公用网络中建立的专用数据通信网络，从而低成本解决数据传输过程中的安全问题。

1. IPSec 技术

VPN 技术包括多种加密及安全协议，其中 IPSec（Internet Protocol Security）是为 IP 网络提供安全性的协议和服务的集合，是 VPN 中常用且比较完整成体系的 VPN 技术。由 Internet Engineering Task Force（IETF）定义的安全标准框架，在公网上为两个私有网络提供安全通信通道，通过加密通道保证连接的安全，即在两个公共网关间提供私密数据封包服务。

由于 TCP/IP 体系中，缺乏基于安全的设计，任何能搭入线路的使用者，即可分析所有的通信数据。IPSec 引进了完整的安全机制，包括加密、认证和数据防篡改功能。通信双方通过 IPSec 建立一条 IPSec 隧道，IP 数据包通过 IPSec 隧道进行加密传输，有效保证数据在不安全的网络环境如 Internet 中传输的安全性。IPSec 具有如下优势：

①能提供更好的应用兼容性。IPSec 协议通过包封装技术，能够利用 Internet 中路由地址，封装内部网络的 IP 地址，实现异地网络互通。IPSec 工作于网络层，

可对终端站点间的传输数据进行保护。

②支持“Site-to-Site”连接。IPSec VPN 可对网对网互联模式任意数量的主机、服务器、用户搭建可信的互联通道，起到类似路由器的通道搭建作用。

IPSec 协议的工作原理如图 4-4 所示，可视为对包过滤防火墙的一种扩展。当接收到一个 IP 数据包时，包过滤防火墙使用其头部在一个规则表中进行匹配。当找到一个相匹配的规则时，就按照规则指定的方法对接收到的 IP 数据包进行处理。包过滤防火墙的处理工作包括丢弃或转发两种。

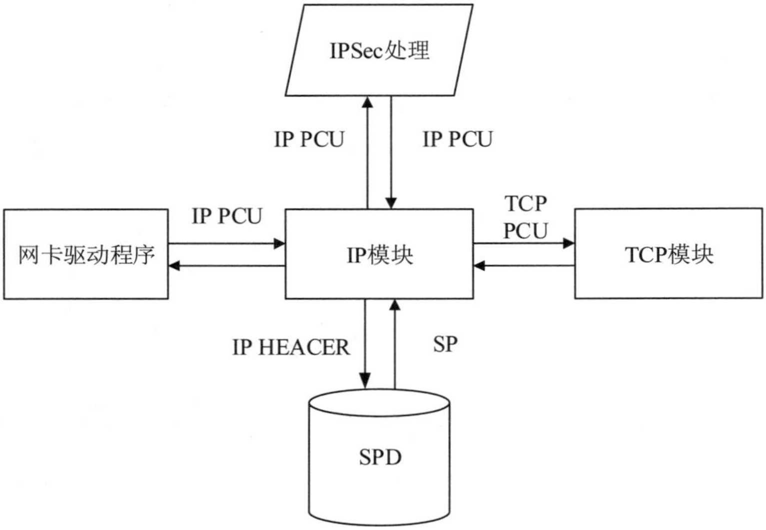

图 4-4　IPSec 工作原理示意图

IPSec 通过查询安全策略数据库（Security Policy Database，SPD）决定对接收到的 IP 数据包的处理。但不同于包过滤防火墙的是，IPSec 对 IP 数据包的处理方法除了丢弃、直接转发（绕过 IPSec），还可进行 IPSec 处理。这种处理方法可提供比过滤包防火墙更近一步的网络安全性。

IPSec 既可只对 IP 数据包进行加密或认证，也可二者同时实施。但无论是进行加密还是进行认证，IPSec 都有两种工作模式，一种是传输模式，另一种是隧道模式。

传输模式（Transport Mode）只对 IP 数据包的有效负载进行加密或认证。此时，继续使用以前的 IP 头部，只对 IP 头部的部分域进行修改，而 IPSec 的协议同步插入 IP 头部和传输层头部之间。

隧道模式（Tunnel Mode）对整个IP数据进行加密或认证。此时，需要新产生一个IP头部，IPSec头部被放在新产生的IP头部和以前的IP数据包之间，从而组成一个新的IP头部。

2. 远程集中管理

在组建全国性虚拟专用网络时，将会面临多节点VPN设备节点管理问题，所以需对散布于全国的VPN设备进行统一、有效的管理，确保节点安全和稳定运行。目前，采用“远程集中管理”技术，所有VPN节点需要连接到中心管理服务器，只要VPN设备在线，即可接受中心端控制，由中心端统一进行配置管理。中心端可对其进行链路分析、设备配置、权限控制等管理。该技术有效解决了全国网络中多节点VPN设备节点管理问题。

3. 广域网优化

由于虚拟专用网络是基于互联网组建的，所以在通信上一定程度受限于网络运营商。为解决跨运营商问题，可采用双出口方案，并采用高效网络优化算法（HTP、UDP、FEC校验）。

第三节　功能设计

一、数据实时采集及统一传输功能

1. 实时数据采集

实时数据采集是保障监测数据质量的关键，是运维管理系统的基础。实时数据采集主要是实现计算机与仪器设备的交互，其中最重要的是运维管理系统需要提供面向多源的数据采集与支持。目前，实时数据采集可以分为三种不同的来源：基于串口通信的数据采集技术、基于IP网络的数据采集技术、基于文本的二次数据采集技术。每种采集技术的基本功能包括监测数据的获取、仪器状态信息的获取和仪器指令控制等相关通信内容。总体来说，实时数据采集功能主要包括以下几方面内容：

①数据库设计。良好的数据库设计能有效提高数据查询效率与解决储存空间问题。为了使数据的处理流程更加清晰，数据表设计遵循一个步骤对应一张表的原则，表现为数据处理前后存放于不同的表中，使数据处理过程为流水线作业方式。

②设备驱动。设备驱动是为了实现实时数据采集功能在通用性方面的内在要求。因不同型号、不同品牌仪器设备之间存在指令系统不一的情况，为使采集系统在通用性、可扩展性和兼容性等方面有较好的特征，需要将通信方法以驱动的方式打包，并从程序中独立出来，方便增加、修改和扩展，以适应不同种类仪器的需求。

③基于串口通信的数据采集。基于串口通信是仪器设备采用的传统信息技术。从数据的请求方式上看，串口的通信又分为主动方式和被动方式，主动方式主要是监测设备无条件主动实时向工控机报送数据；被动方式主要表现为仪器设备根据工控机发出的命令来进行数据的报送，工控机上发出一条指令，就会得到相应的监测数据。基于串口的通信技术将涵盖这两方面的内容。

④基于 IP 网络的数据采集。基于 IP 网络的数据采集技术是目前发展的趋势。由于基于 IP 网络的传输技术在远距离传输以及传输的便捷性方面有着明显优势，因此发展前景广阔。实时数据采集功能也相应提供了基于 IP 网络的数据采集技术支持。

⑤基于文本的二次采集。各种新型的仪器设备都有其自身的数据采集软件，其采集软件多以文本格式输出各种监测数据。由于设备本身和输出数据的复杂性，对数据进行直接采集有一定的难度，因此需要在原有的采集软件输出文本的基础上进行二次数据采集，然后将采集的数据统一到数据库当中去。

2. 网络通信

网络通信负责监测数据的报送、远程质控指令的下发。由于监测数据有共享的需求，因而，数据的报送协议需要支持多点报送的功能，同时考虑到数据服务器面向子站报送的数量非常庞大，同一时间内服务器可提供的服务较为有限，当大量的子站连接到数据服务器时，有可能造成其他子站无法连接的情况，因此数据服务器端要求有效管理网络连接的资源，动态释放与回收网络连接，为其他子站提供通信连接及数据报送的机会。远程调控指令的下发主要考虑支持预设的命令执行。网络通信可实现以下任务：

①多点报送功能；

②连接管理；

③指令收发管理。

二、数据审核功能

数据审核功能包括“异常数据自动识别”“人工审核”“数据复核”等组件，实现计算机自动辅助审核，帮助业务人员及时发现异常数据。数据审核功能模块充分考虑数据审核业务流程、审核方法，为数据审核工作提供便捷、可视化操作界面和丰富的图表辅助审核工具。

1. 异常数据自动识别

系统提供自定义规则的数据处理，计算机可通过预先定义好的算法处理需要审核的数据，包括依据仪器设备运行状态、超上下限、倒挂、数据有效性等判别，以及基于环境监测数据关联关系、基于相似距离判别、基于多个监测指标联合判别、基于 XGBoost 算法的 $PM_{2.5}$ 异常数据识别等多种异常数据识别模型，并根据规则对数据进行标识处理。

2. 人工审核

计算机不能完全替代人脑，为保障监测数据质量，人工审核是数据审核过程中不可缺少的关键步骤。通过系统异常数据自动识别功能先将带有标识的数据筛选出来，人工审核则对带有标识的数据及其余未带标识的数据进行进一步审核。

目前人工审核监测数据主要审核以下几个方面：

①与同一站点历史监测数据变化趋势比较分析；

②同城不同站点监测数据变化趋势比较分析；

③同一站点相关污染物关联分析；

④仪器设备运行状态分析；

⑤地理位置及周边环境分析；

⑥气象条件分析。

系统提供智能化的人工数据审核功能，根据数据已有的标识以不同颜色在页面上将其标注出来，并对审核后的数据标注最后审核人。审核人可对数据进行标记审核，将异常数据审为无效，补录缺失数据等。

人工审核界面如图 4-5、图 4-6 所示，系统以图、表结合的形式显示 6 项污染物小时监测数据及相应标识情况，以时间序列图的形式显示国控城市站点污染物变化趋势情况。

用户可通过该界面对各国控城市站点小时值进行审核处理，对监测数据进行有效或无效处理，并标注审核原因。可通过点击小时监测数据查看污染物及仪器设备状态参数 5 min 值和小时值，辅助人工审核工作开展。

时间点	SO_2	NO_2	NO	NO_x	CO(mg/m³)	O_3	PM_{10}	$PM_{2.5}$	$PM_{2.5}$_2	PM_1	$PM_{2.5}$占比
13日01时	3[-1]	5	2[0]	4	0.355	91	7	4	-99	-99	57.14%
13日02时	3[-1]	14	2[0]	13	0.364	68	8	4	-99	-99	50%
13日03时	3[-1]	12	2[0]	12	0.362	66	9	4	-99	-99	44.44%
13日04时	3[-1]	17	2[0]	17	0.366	46	13	6	-99	-99	46.15%
13日05时	3[-1]	13	2[0]	13	0.367	47	15	7	-99	-99	46.67%
13日06时	3[-1]	15	2[0]	15	0.391	50	19	9	-99	-99	47.37%
13日07时	3[-1]	10	2[0]	10	0.404	69	20	10	-99	-99	50%
13日08时	3[-1]	8	2[0]	8	0.467	71	18	9	-99	-99	50%
13日09时	3[-1]	9	2[0]	10	0.443	74	19	10	-99	-99	52.63%

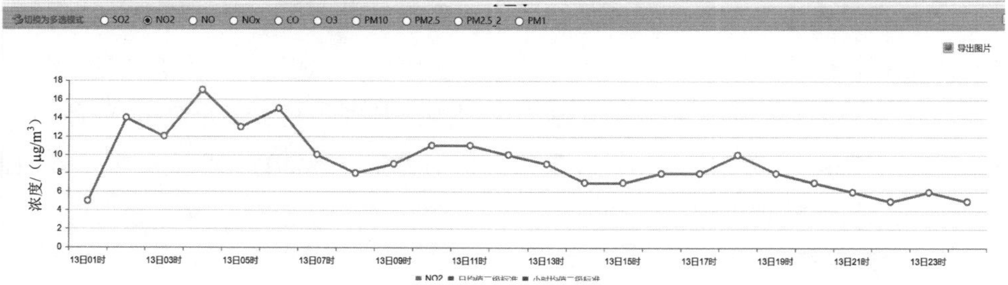

图 4-5 人工审核界面示意图

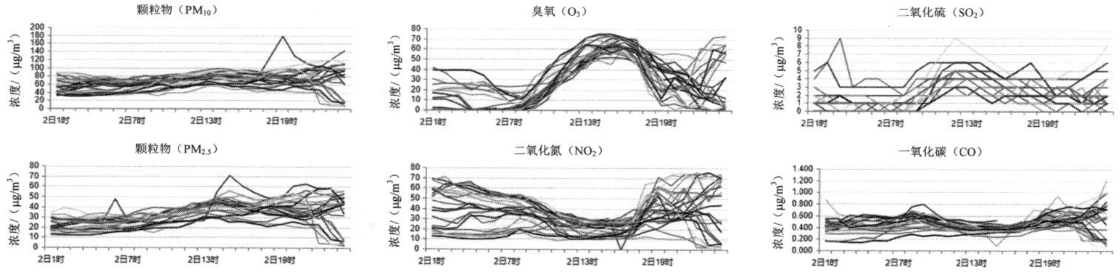

图 4-6 人工审核辅助分析界面示意图

3. 数据复核

数据复核工作包括两个方面，一是根据现场运维情况及数据审核规范对自动审核无效的数据进行复核，对系统预审无效的正常原始数据，恢复其有效性，并补充审核依据；二是将发现的可疑数据返回运维单位进行重审。如图 4-7 所示。

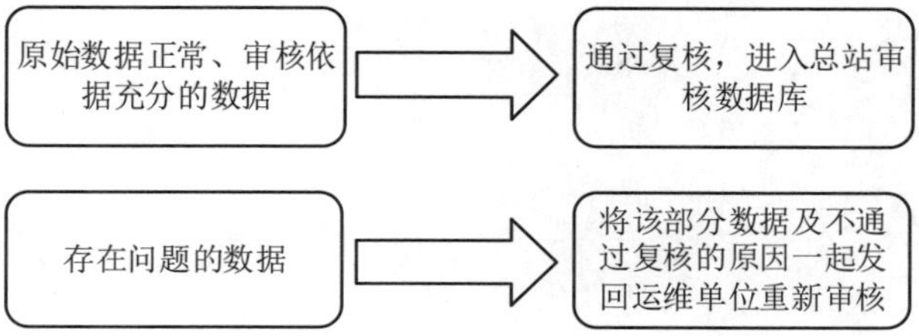

图 4-7　数据复核处理示意图

4. 图表分析功能设计

根据人工审核常用方法，设计相应的图表辅助分析工具，以时间序列图、散点图及线性拟合的形式显示，包括单站点多污染物过程分析、多站点多污染物过程分析、污染物相关性分析、气象数据过程分析、风速及风向过程分析、仪器设备状态参数分析等内容。

根据数据分析方法，设计多城市/站点单因子分析工具，将小时值数据按照统计方法计算为日均值、月均值等，通过时间序列图等方式显示；根据国控城市站点分布情况，系统预设临近城市及相邻站点，勾选城市或者站点后系统可以自动链接到临近城市或者站点，通过时间序列图、统计表格等方式显示小时值、日均值、月均值、相对偏差等图表，辅助数据审核、分析工作。如图 4-8、图 4-9 所示。

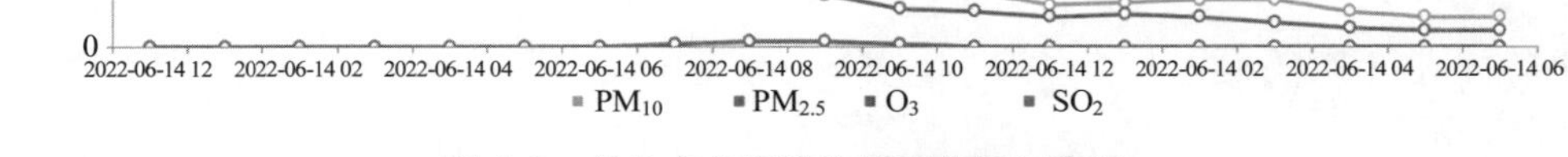

图 4-8　单站点多污染物过程分析示意图

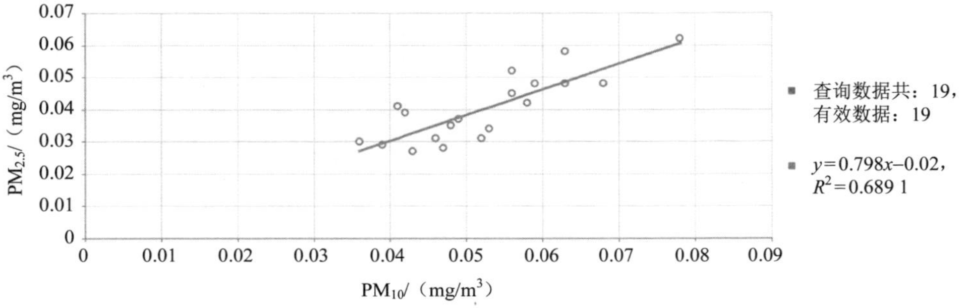

图 4-9　污染物相关性分析示意图

此外，系统内嵌国控城市站点仪器设备运维及质控信息，将设备维护、设备更换等运维事件链接到对应的国控城市站点小时值，便于审核人员开展审核工作时快速掌握国控城市站点仪器设备运维信息，并通过小时值增加底色、增加标记、弹窗等方式提醒数据审核人员重点审核运维期间数据，提高审核人员数据审核效率。

5. 审核日志

国控城市站点审核后的数据直接用于站点及城市环境空气质量评价，因此，系统需记录数据审核工作中涉及监测数据有效性改变，数据标识修改、删除等用户操作痕迹。

系统支持对所有审核操作记录提供历史查询，提供审核站点、时间、审核人、复核人、审核操作等审核信息列表，并且提供数据导出功能。如图 4-10 所示。

审核日志

站点：[redacted]　日期：从 2022-07-01 到 2022-07-05　查询

站点名称	监测项目	时间	原始值	原始标识	审核值	审核标识	审核类型	审核说明	审核时间	审核人
[redacted]	SO2	2022/7/3 21:00:00	0.000	RM	3.000	—	0值负值修约	—	2022/7/4 6:56:42	[redacted]
[redacted]	PM10	2022/7/1 19:00:00	136.000	—	136.000	RM	有效审核为无效	天气变化，站房温度上升下降过快，采样杆加热较慢，导致采样值波动较大，数据无效	2022/7/2 7:14:09	[redacted]
[redacted]	PM10	2022/7/1 20:00:00	2.000	—	2.000	RM	有效审核为无效	天气变化，站房温度上升下降过快，采样杆加热较慢，导致采样值波动较大，数据无效	2022/7/2 7:14:09	[redacted]
[redacted]	O3	2022/7/4 19:00:00	76.000	—	76.000	RM	有效审核为无效	做钼炉转换效率，臭氧受影响，数据无效	2022/7/5 6:52:05	[redacted]
[redacted]	PM2.5	2022/7/2 19:00:00	0.000	RM	2.000	—	0值负值修约	—	2022/7/3 8:43:31	[redacted]
[redacted]	NO2	2022/7/2 14:00:00	0.000	RM	2.000	—	0值负值修约	—	2022/7/3 8:38:22	[redacted]
[redacted]	NO2	2022/7/2 15:00:00	0.000	RM	2.000	—	0值负值修约	—	2022/7/3 8:38:22	[redacted]
[redacted]	NO2	2022/7/2 16:00:00	0.000	RM	2.000	—	0值负值修约	—	2022/7/3 8:38:22	[redacted]
[redacted]	NO2	2022/7/2 17:00:00	0.000	RM	2.000	—	0值负值修约	—	2022/7/3 8:38:22	[redacted]

图 4-10　审核日志示意图

三、数据管理功能

1. 多源异构数据统一存储管理

根据运维管理的数据来源、数据类型和数据存储结构，构建基于多源异构融合关联的国控城市站点运维及质控数据存储管理模型。以监测数据、质控数据、仪器设备参数及状态信息、运维及现场检查信息数据、气象数据、站房动力及环境参数、安防数据信息等为基础数据源，以关系数据库系统、文件存储系统和空间数据存储系统为存储结构。通过多源多维的融合关联，进行统一整合，按照物理属性、时空属性、操作属性、拓扑关系等特征进行数据的资源类别划分和组织，实现多源异构数据的统一管理、统一访问和交叉融合。

2. 数据分类管理

按照数据的实际应用情况，国控城市站点监测数据分为原始数据和审核数据。现场监测子站获取的实时数据及其状态标识记录，由子站监测数据采集传输模块主动报送至总站服务器，这些数据作为现场监测的原始数据原封不动地保存于原始数据库；原始数据经计算机自动判别及人工审核/复核等质量保证和质量控制措施后，生成审核数据，另存于应用数据库中。

3. 数据安全管理

数据安全管理主要包括数据传输中的安全管理、数据入库后的安全管理两个方面。

（1）数据传输中的安全管理

① 接口安全管理

系统采用标准化数据接口，保证数据安全、稳定。

②传输过程的安全管理

我国环境空气质量监测网都采用基于符合国家标准的IPSec协议搭建VPN网络，在保障数据的安全性的同时，方便后续监测网络的扩展，最大限度地节省建设费用。

VPN整体设计如图4-11所示。总站使用集中管理平台，对全网VPN做统一管理。集中管理平台是整个VPN网络运行的管理中枢，实现对整体VPN进行统一配置、升级设置和维护管理。分别在总站、省站、市站及子站端部署IPSec/SSL一体化VPN网关设备进行互联，即每个子站点同时与所属市站、省站和总站建立VPN隧道。启用数据流压缩、缓存等加速技术，在减少数据传输的冗余度，减少带宽消耗的同时进行 VPN 隧道内的提速。

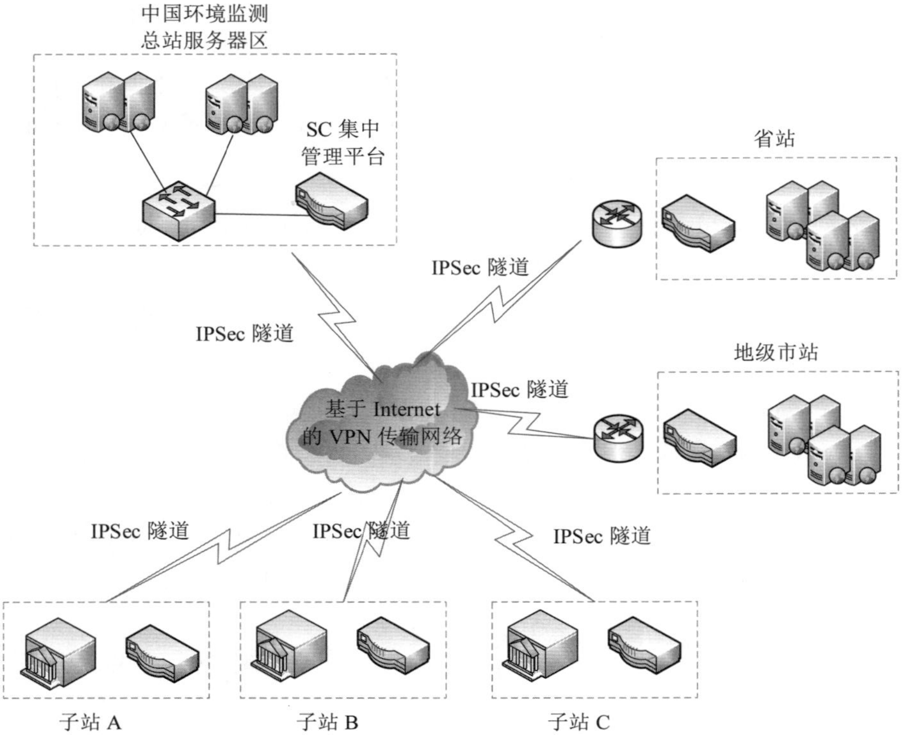

图 4-11 VPN 整体设计

此外，在数据传输过程中，使用完整性敏感标记来确认信息在传送中是否受损，以防止非授权用户修改或破坏敏感信息，确保数据的完整性。

（2）数据入库后的安全管理

①数据库安全管理

中心端使用与数据库服务器性能相仿的服务器作为业务应用需求及备份，对数据库服务器数据进行全局备份及差异备份，一旦数据库服务器发生故障，可快速切换至该备用服务器，避免对数据接收、在线审核/复核、仪器设备运行监控等工作产生影响。全局备份为每周一次，差异备份为每天一次，均通过数据库自带备份功能定时进行数据库备份。

设计数据库支持前台手工及定时数据备份与数据恢复功能，可在系统数据被破坏及因故障丢失时，采用备份恢复功能恢复系统数据，保证系统数据的安全与完整。

②数据留痕管理

审核/复核过程中，所有数据有效性发生变化以及补录的数据均需要填写审核理由，系统将记录审核备注和审核结果。去除系统标识的行为仅限于审核后的数据，原始数据库中的标识无法清除。

③ 操作日志记录管理

系统使用过程中，涉及数据安全范畴及数据保密等方面的用户操作，均会被自动记录在系统日志上。同时可对查询结果、报表内容等数据进行导出。

第五章　子站及仪器设备管理设计与实现

运维管理系统的主要目标是为所监测区域提供实时准确的空气质量数据。在实际工作中，影响监测数据质量的因素繁多，其中站房和仪器设备作为国家环境空气质量监测网络建设的重要组成部分，对监测数据质量起着决定性作用。站房是仪器设备的承载要素，为监测数据产生提供环境条件。而仪器设备是监测数据产生的载体。站房及仪器设备管理是否科学、合理，仪器设备是否正常运行都直接影响监测数据的准确性。

事权上收初期，我国缺乏信息化的仪器设备管理手段，在运维管理中存在仪器设备运维信息不集中、管理效能低下、业务流程管理不畅、数据分析难度较大、仪器设备异常情况发现及处理难度大等问题。此外，站房及仪器设备均具有静态基础信息、流转及运行状态等动态信息的双重属性，进一步增大了管理难度。

针对上述站房及仪器设备管理中存在的难题，亟须运用物联网、实时监控感知等技术，开发设计一个综合考虑站房及设备动静态属性，集成站点信息、仪器设备信息、仪器设备参数及运行状态数据等信息，结合站房内外部环境及仪器设备运行状态实时监控，进站人员管理，进站痕迹管理的子站及仪器设备管理功能模块，从而实现对各个国控城市站点站房环境、仪器设备参数及运行状态数据、安防信息以及站房动力及环境参数等重要信息全面掌控，实现对国控城市站点的全方位信息化、可视化管理，为实时掌握站房内外部环境及仪器设备运行情况及判断监测数据质量提供参考依据。

第一节　需求分析

根据国控城市站点运维管理工作业务需求，子站及仪器设备管理具体需求分析如下。

一、子站管理需求分析

子站管理功能设计时需考虑站点基础信息、进站人员、站房仪器设备、站房内外部环境等多方面内容的管理，保障站点运行状态及进站人员在不同时间、空间下数据痕迹信息可核查、可追溯。同时兼顾站点管理信息显示的可视化程度，从而提升信息传递效率及管理便捷程度。

1. 站点基础信息管理

站房基础信息关系到运维工作能否顺利进行、运维工作的责任落实以及监测数据评价城市、区域的准确性。因此，需对站房所在的地区、经纬度、运维单位及运维人员等信息进行记录及管理。

此外，由于城市建成区面积的扩大、行政区划变动或城市建设发生较大变化等原因，部分城市已有的国控城市站点布设不能满足《环境空气质量监测点位布设技术规范（试行）》（HJ 664—2013）的要求，需要进行优化调整，包括新增、调整和撤销站点。在站点调整时涉及站点的停运及搬迁工作，运维单位委托到期时，还需要开展运维站点交接工作等。为保障国控城市站点点位优化调整及运维交接等工作顺利开展、有迹可循，确保站点基础信息的真实性、准确性，需要对站点新增、变更、停运涉及的申请、审批文件、相关责任人以及各审批环节经办人、站点交接前后信息、仪器设备信息及相关运维单位和人员信息进行记录管理，做到全过程留痕。

2. 站房仪器设备管理

加强站房仪器设备管理，是提高资产利用率、科学合理配置仪器设备、保证仪器设备连续稳定运行等必不可少的重要工作环节，也是保护国有资产，防止人员随意更换、变卖设备，保障监测数据质量的重要手段。因此，需对站房内仪器设备型号、编码、状态、数量及运行天数等信息进行自动记录及痕迹化管理。

3. 站房环境管理

仪器设备主要核心部件是传感器。作为灵敏性部件，其正常运行对温度、湿度等环境条件有一定要求。站房温度、湿度等环境条件既直接影响站房内仪器设备的工作状态和使用寿命，又会较大程度影响监测数据的准确性。因此，系统应具备对站房内部温度、湿度等环境条件进行实时监控性功能，以延长仪器设备使用寿命，保证监测数据质量。

4. 站点安防信息管理

为防止人为干扰，保障站房及仪器设备正常运行，需设计安防信息管理功能，对站房视频监控信息及门禁信息进行实时监控管理，为管理者提供站房及周边实时安防监控信息查询功能，便于管理人员掌握进出站房的人员、时间、数量、工作动态等信息。同时，需设计站房异常闯入报警功能，一旦有非相关人员进入站房或出现在采样附近区域，系统自动报警或者提示，并通过网页弹框、系统工单、邮件等方式及时通知运维及管理人员，以便及时发现人为干扰行为，准确掌握站房周边情况，保障仪器设备正常运行。

5. 进站申请管理

在严防人为干扰监测数据的同时，还需考虑地方进站开展调研及基础保障工作情况，为其提供便利条件。因此需要设计进站申请管理功能，依据进站审批制度设计工单流转及管理，便于管理人员对进站申请文件、进站理由、进站单位、人员及批复结果等内容进行管理，同时可结合门禁、视频等安防信息，对进出站人员数量、时间等信息进行验证。

6. 管理信息的可视化

子站管理工作涉及信息庞杂，因此在子站管理功能设计时需考虑站点相关信息展示方式的科学性，提升管理信息的可视化程度以及数据查询的便捷性，便于管理人员快速获取重要信息。

二、仪器设备管理需求分析

1. 仪器设备基础信息管理

仪器设备基础信息管理功能需实现仪器设备型号、基础信息、所在站点以及相关运维单位等信息的管理，为国控城市站点仪器设备的维护管理提供基础数据支持，并为仪器设备运维管理工作的分配提供支持。基础信息管理涉及内容如下：

①仪器设备型号信息：设备品牌、设备型号、设备编号、购置日期、监测类型、原/备机、固件版本、监测原理、加热方式等。

②仪器设备生产销售方信息：批次、厂家及联系电话、售后单位及联系电话、质保期限和供应商及联系电话。

③仪器设备其他信息：运维单位、所属城市、上架时间、设备保管人。

④仪器设备相关文件：设备出厂报告、设备验收报告、长期使用备机说明、其他说明文件等。

2. 仪器设备参数管理

仪器设备状态参数是设备运行状态的表征，超出合格范围仪器设备可能偏离正常运行状态，影响监测数据，因此需对设备参数配置范围进行管理。目前，国家环境空气质量监测网仪器设备厂家包括ESA、河北先河、聚光科技、安徽蓝盾、赛默飞世尔、宇星、武汉天虹、中晟泰科、METONE、OPSIS、API 等，涉及上百种设备，仪器设备参数配置信息上千条。为便于仪器设备管理工作的开展，系统需建立仪器设备关键参数数据库，提供参数配置管理功能。

3. 仪器设备运行状态监控

为保障站房仪器设备的正常运行，系统需实现对包括仪器设备、动力环境设备、视频监控装置等仪器设备运行状态的实时监控，获取仪器设备参数运行状态数据、仪器设备报警信息。当参数超出设置范围或仪器设备报警时，通过网页弹框、系统工单、邮件等方式通知运维人员及管理人员，实现仪器设备异常运行及时发现、及时处理。

4. 仪器设备生命周期管理

为加强仪器设备管理、充分发挥仪器设备使用效益，需针对仪器设备的更新及验收、使用、故障、维修、报废等各环节设计一体化、动态化的仪器设备全生命周期管理功能。

验收合格是仪器设备入网的前提。为保障监测仪器设备的使用性能，《环境空气气态污染物（SO_2、NO_2、O_3、CO）连续自动监测系统安装验收技术规范》（HJ 193—2013）、《环境空气颗粒物（PM_{10} 和 $PM_{2.5}$）连续自动监测系统安装和验收技术规范》（HJ 655—2013）对监测仪器设备验收提出了严格要求。为便于验收工作的开展，系统需提供颗粒物仪器并行比对实时数据接入功能，及验收数据核查辅助分析工具。并针对仪器设备的更新、验收、使用、故障、维修及报废等各环节提供任务派发，工单审核及视频、图片、文件等工作痕迹信息记录管理等功能。

通过开发仪器设备全生命周期管理功能，实现设备验收数据分析核查，设备管理任务工单派发，以及设备管理工单在各相关单位间高效流转。将所有设备管理工作痕迹以数字信息的形式记录于系统，实现痕迹化管理，防止仪器设备维护过程中因操作不当导致仪器设备性能不达标，严防出现监测过程中设备随意更换等问题；同时，可以清晰掌握仪器设备使用时限情况，及时合理规划关键仪器设备更换时间，减少因仪器设备老化影响监测数据的准确性，提高仪器设备整体运转时间，降低维护成本。

5. 备机使用管理

仪器设备的稳定运行是保证监测数据准确有效的必要条件，当仪器设备出现故障不能及时修复时，需要更换备机进行监测，待原机维修测试合格后重新换回。目前，国控城市站点备机由运维单位提供，不同品牌备机性能指标不尽相同。同时存在个别地方想通过要求运维单位更换备机的方式“改善”环境空气质量监测数据情况。为规范使用备机，总站制定了《国家环境空气质量监测网城市点位备机使用技术要求（试行）》（总站气字〔2021〕605 号），对备机使用提出严格要求。为满足上述管理需求，需开发备机管理功能，将仪器设备更换操作全流程进行留痕记录，并统计备机使用时限，跟踪故障仪器设备维修情况。同时，提供备机查询及数据分析功能，便于管理者对备机使用情况进行实时管理。

6. 管理信息可视化

1 734 个国控城市站点涉及上百种品牌型号的仪器设备信息。因此在设备管理功能模块设计时需考虑检索查询的便捷性，通过信息可视化设计，提升管理人员工作效率。

第二节　目标

基于物联网、地理信息系统、虚拟站房可视化等技术集成，依据总站对国家环境空气质量监测网运维管理体系要求，开发子站及仪器设备管理功能模块，为管理者提供全国层面统一、高效、便捷、集中的站房及设备智慧化管理系统，实现全国 339 个地级及以上城市的 1 734 个国控城市站点站房及仪器设备运行状态的动态管理，对城市站内所有污染物分析仪的状态数据、站房安防信息、进站人员痕迹信息、站房动力及环境参数、监测仪器设备变动痕迹信息及重要参数变更信息等进行统一的跟踪与管理，确保国控城市站点仪器设备稳定运行，保障监测数据的准确性、有效性和站房的安全。

第三节　关键技术

一、物联网技术

物联网是一种新兴技术，其核心内容是将各种信息传感设备和互联网结合起来而形成的一个巨大的网络，实现信息的高速获取和交换，使人类的生产和生活具有更高的智能化。物联网是对互联网的一大重要延伸，利用传感器、定位系统或者激光扫描仪等设施，按照一定的物联规则，将各种物品按约定协议与互联网相连接，目的是实现信息的交流与共享，并对网络进行智能定位、识别和管理。物联网的主要技术有 3 类，分别是传感器技术、RFID 标签技术以及嵌入式系统技术。

当前，物联网技术已经成为环境监测管理工作的重要手段。物联网技术在环境领域的应用主要是强调在传统环保行业的基础上，进一步整合先进技术，促使环境保护工作变得更加系统化、标准化。通过在环保领域应用物联网技术，可以实现对环境信息的采集、传输、分析及存储，有助于提升环境保护工作成效和质量，推动环境管理工作持续发展，对于我国未来环境发展具有十分突出的促进作用。

二、地理信息系统技术

地理信息系统（GIS）是在计算机软硬件的支持下，对整个或者部分地球表层空间中的各类地理信息数据进行采集、储存、管理、运算、分析、显示和描述的技术系统。在站房及仪器设备运维管理过程中，利用 GIS 技术可将站房信息、站房环境、仪器设备基础信息、仪器设备参数及状态数据与地理信息进行综合显示，实现国控城市站点地理信息位置的可视化管理，达到及时发现异常情况的目的，为运维管理工作的科学化、自动化、直观化提供基础条件。

三、虚拟站房可视化监控技术

通过采集仪器监测数据、仪器运行状态、仪器设备参数、气态污染物和颗粒物采样总管温湿度，以及对站房内部温湿度、水浸与火警、空调、电路系统等运行环境，站房周边情况等实时监控，结合异常情况报警，利用三维全景技术、多源异构数据集成技术、视频处理与识别技术，实现数据产生过程溯源，构建虚拟可视化站房，实现站房实时可视化智能监控。

第四节 技术框架及实现过程

一、技术框架

子站及仪器设备管理模块由物理层、数据层、技术层、应用层及用户层五部分组成。技术框架如图 5-1 所示。

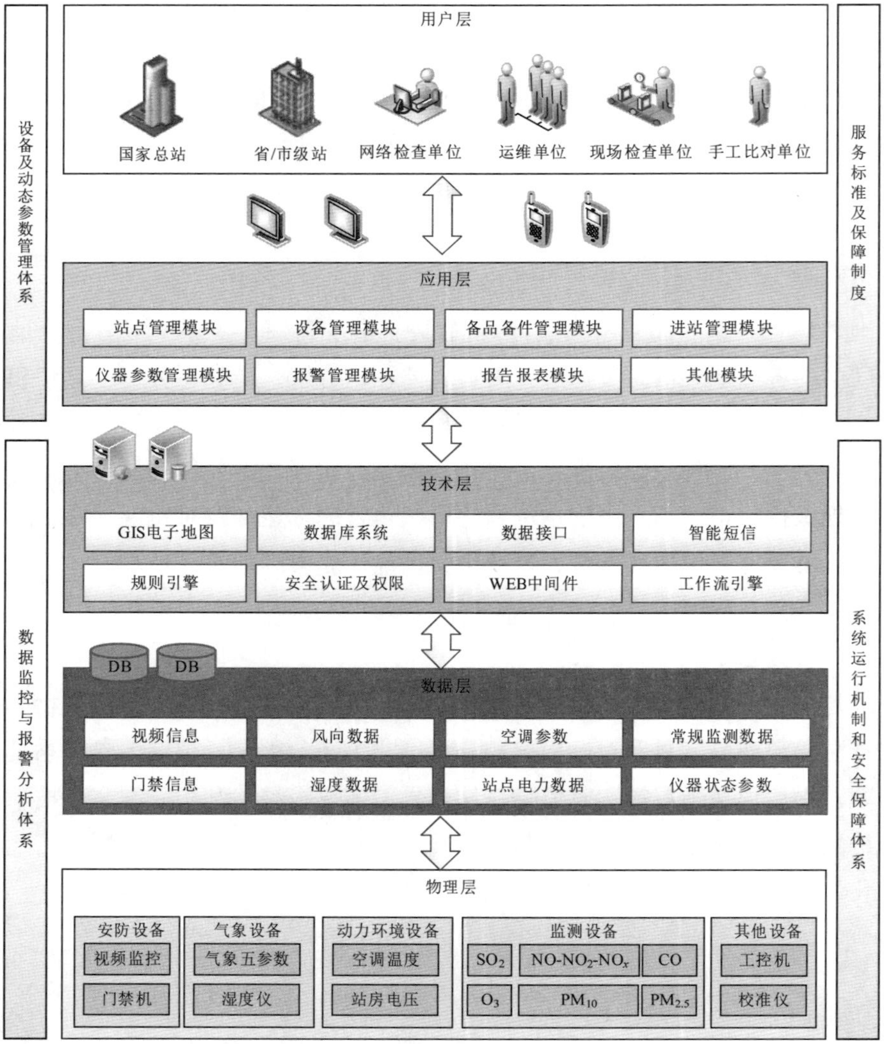

图 5-1 子站及设备管理技术框架

基于物联网技术通过对站房六参数仪器设备、气象设备、动力环境设备、安防设备及其他附属设备采集获取监测数据、仪器设备参数及状态信息、站房动力及环境参数、安防数据信息并联网传输至数据层进行存储管理，借助物联网、GIS 电子地图、数据接口、工作流引擎、短信服务等支撑技术，以及“设备动态参数管理体系”“数据监控与报警分析体系”“服务标准及保障制度”“系统运行机制和安全保障体系”四大规范体系，提供站点管理、仪器设备管理、仪器设备参数管理、备品备件管理及安防监控等信息化应用，满足总站、省/市级站、运维单位、现场检查单位、手工比对单位和网络检查单位的日常运维管理业务需求。各架构层详细内容如下。

1. 物理层

物理层对常规监测仪器设备、气象设备、动力环境设备、安防设备等所有物理设备利用物联网技术进行管理。

（1）常规监测仪器设备

常规监测仪器设备包括 SO_2 分析仪、$NO\text{-}NO_2\text{-}NO_x$ 分析仪、$PM_{2.5}$ 分析仪、PM_{10} 分析仪、CO 分析仪、O_3 分析仪等。

（2）气象设备

气象设备包括气象数据仪、湿度仪等，通过传感器获取气象温度、湿度、气压、风向、风速等气象数据。

（3）动力环境设备

动力环境设备包括站房空调、UPS 电源等，通过传感器获取站房空调运行状态数据、电源电压等数据。

（4）安防设备

安防设备包括视频监控、门禁机等，可以采集站房内外部实时画面、门禁出入记录等数据。

（5）其他设备

其他设备包括动态校准仪、标准气瓶、计量器具、工控机等。

2. 数据层

通过数据库存储技术，将监测数据、仪器设备参数及状态数据、气象数据、安防数据信息（视频信息、门禁信息）、站房动力及环境参数等存储于高性能数据库服务器，并对数据进行备份。

（1）监测数据

监测数据包括 SO_2、NO_2（NO、NO_x）、CO、O_3、PM_{10}、$PM_{2.5}$ 等指标。数据

分为实测值、1 min 值、5 min 均值、小时值等不同维度。

（2）仪器设备参数及状态数据

仪器设备参数包括仪器设备各项指标参数，其中仪器设备状态参数类型包括 5 min 均值、小时值。目前国控城市站点涉及关键仪器设备参数及运行状态见表 5-1。

表 5-1 仪器设备关键参数

序号	仪器设备类别	关键参数
1	SO_2 分析仪	采样流量、采样压力、截距、斜率、紫外灯电压、PMT 高压、反应室温度、紫外灯强度
2	NO-NO_2-NO_x 分析仪	斜率、截距、PMT 高压、PMT 温度、采样流量、采样压力、臭氧流量、反应室温度、转化炉温度
3	CO 分析仪	采样流量、测量/参考比、截距、斜率、相关轮温度、反应室温度
4	O_3 分析仪	斜率、截距、采样流量、采样温度、采样压力、紫外灯温度
5	$PM_{2.5}$ 分析仪、PM_{10} 分析仪	采样流量、环境温度、环境大气压、样气温度、样气湿度、斜率、截距、动态加热启动湿度点、流量校准系数、环境温度校准系数、环境大气压校准系数、样气温度校准系数、样气湿度校准系数、最小加热功率

（3）气象数据

气象数据包括风速、风向、温度、湿度、气压。数据类型包括 5 min 均值、小时均值等。

（4）安防数据信息

安防数据信息包括门禁信息、视频信息。门禁信息指门禁锁、门禁卡、门禁权限等信息；视频信息指视频实时录像及历史视频信息。

（5）站房动力及环境参数

站房动力及环境参数包括站房温度、站房湿度、采样总管温度、采样总管湿度、电源电压电流等。

3. 技术层

运用物联网、GIS 电子地图、数据库系统、工作流引擎等技术，实现对站房内外部环境、仪器设备参数及状态的动态管理与监控。

（1）物联网

利用物联网技术实现对站房动力及环境参数、仪器设备参数及状态信息等数据实时监控。

（2）GIS 电子地图

利用 GIS 技术在计算机软硬件系统支持下，对全国站点的有关地理分布进行显示和描述，并关联站房及仪器设备相关信息。

（3）数据库系统

利用数据库技术对信息进行存储管理。

（4）工作流引擎

采用工作流引擎技术，对各业务状态迁移过程进行记录管理，保证各项业务稳定运行。

4. 应用层

基于以上数据与技术，将站房内外部环境、仪器设备运行状态进行系统可视化展示，同时设计报警提醒功能。具体包括站房管理、仪器设备管理、仪器设备参数管理等功能。

（1）站房管理功能

站房管理功能提供站房基本信息管理、站点变更管理、站点交接管理、站房内外部环境管理、进出站管理、站点安防信息管理等功能。

（2）仪器设备管理功能

仪器设备管理功能提供包括仪器设备基本信息管理、仪器设备运行状态管理、仪器设备生命周期管理以及备机使用管理等功能。

（3）仪器设备参数管理功能

对仪器设备常规参数、关键参数及其变更进行管理。

5. 用户层

用户层细分为总站、省/市级站、运维单位、现场检查单位、网络检查单位等用户，各用户可根据不同角色权限进行不同操作，满足不同用户的日常运维或管理需求，以信息化手段提高业务管理效率。

二、实现过程

1. 站房仪器设备运行状态实时监控

运用物联网技术，可实现对站房及仪器设备运行状态信息的收集、传输与监控。子站端数据采集传输模块可通过站房内温度传感器与湿度传感器、采样总管的温度和压力传感器，实时获取站房温度、湿度数据，监测仪器采集的样气温度、压力及流量状态信号。同时，实时收集、记录仪器的报警信息，进行 24 h 实时运行状态监控。

根据传输协议，子站端数据采集及传输模块对站房动力及环境参数、仪器设备参数及状态数据等需要上报的各类数据进行加密、封包传输，可主动同时报送到多个指定的管理平台或其他外部系统，并通过数据库存储技术对站房环境、仪器设备参数及运行状态信息进行存储与管理。仪器设备运行状态监控过程和流程见图 5-2 和图 5-3。

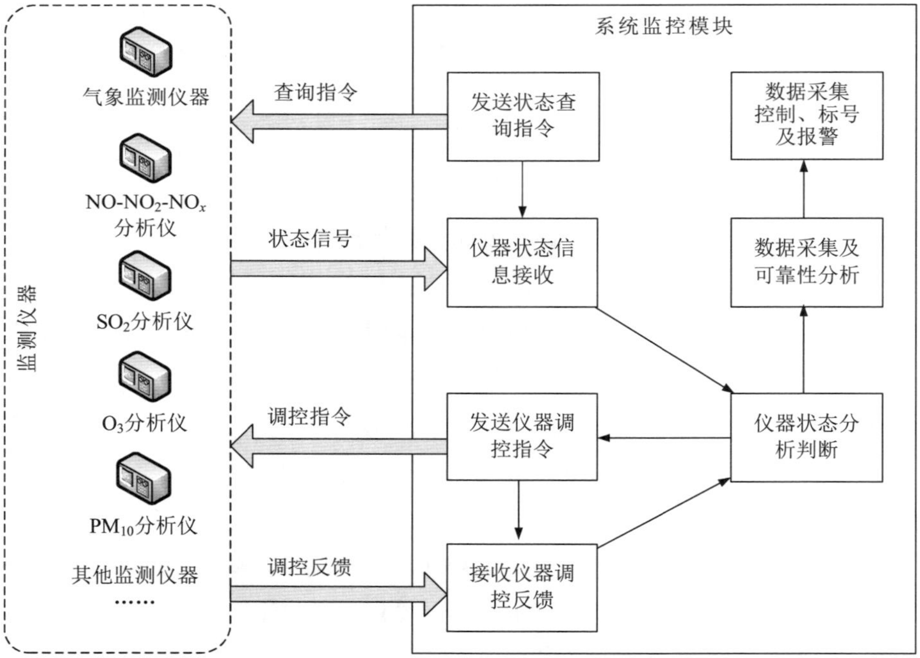

图 5-2　仪器设备运行状态监控过程示意图

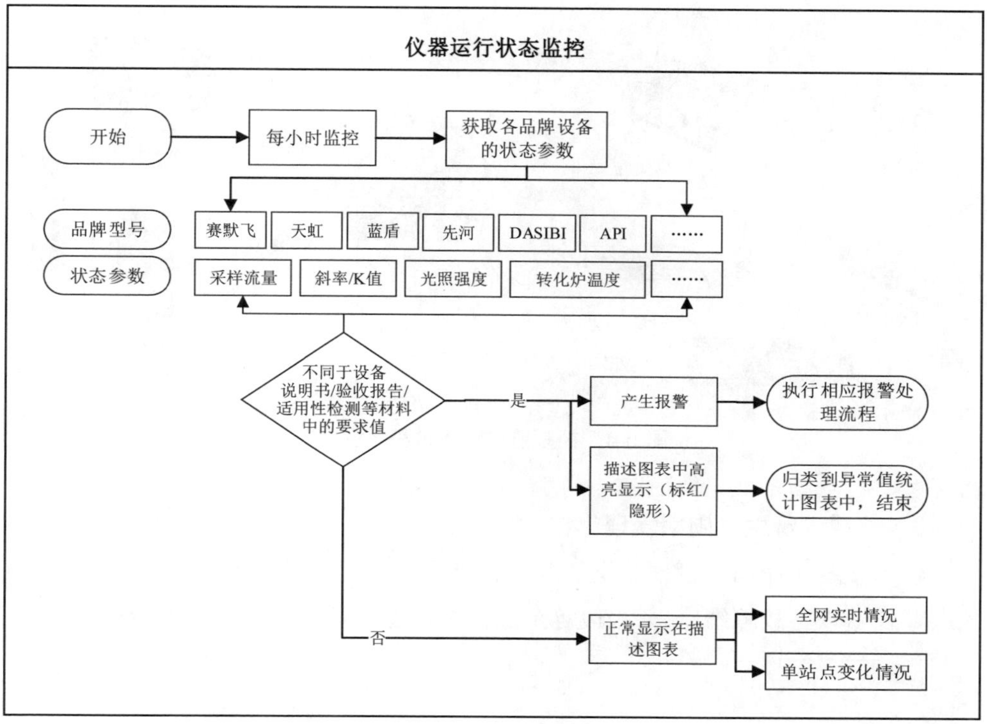

图 5-3　仪器设备运行状态监控流程图

系统支持以 15 s 为单位时间粒度进行仪器状态信息采集，自动统计计算 5 min 值及小时值，并可根据业务需求定制上报频度。

2. 安防监控

利用物联网技术对 1 734 个国控城市站点的视频监控设备信息进行收集、传输与监控，通过数据库存储技术进行存储与管理。

①通过视频监控设备实现图像视频信息采集，与安防监控分析系统相结合，对站房内外进行视频监控与入侵监测。当有人员进入站房范围内时，自行判断进入人员并保存视频、进行信息截图，运用图像识别技术检测非相关人员进站情况。

②安防监控分析系统与门禁系统结合，记录站房门禁出入记录信息，形成站房门禁日志。

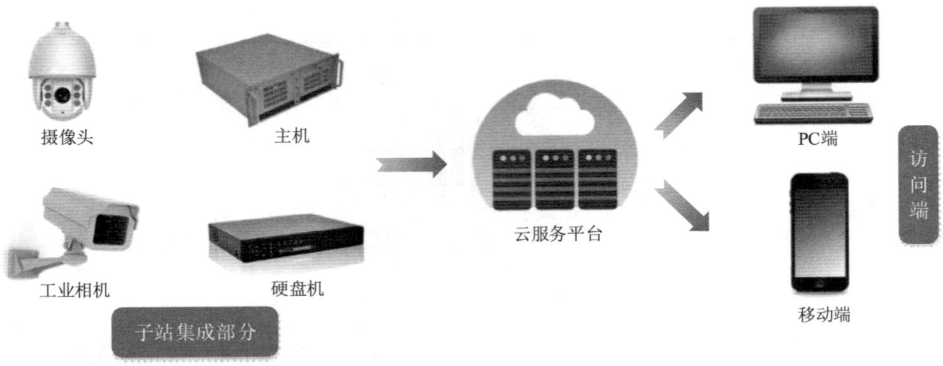

图 5-4 视频监控管理过程示意图

3. 仪器设备生命周期管理

仪器设备生命周期管理是指从购置、验收到上架使用（包括日常巡检、检查校准、仪器设备故障维修）、报废等全过程进行管理及信息记录（图 5-5）。

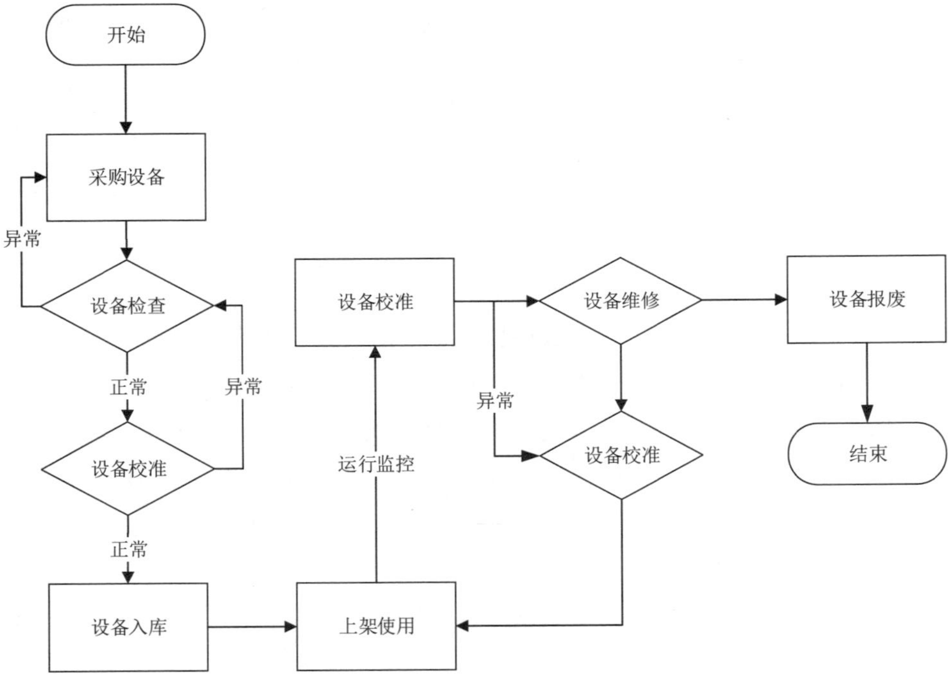

图 5-5 仪器设备生命周期管理

通过系统梳理仪器设备生命周期各节点关键性信息，科学设计仪器设备入库上架、维护校准、故障维修等各类工单并嵌入系统，利用规则引擎、工作流引擎技术，将复杂的仪器设备管理操作流程标准化、流程化。基于物联网、数据库技术，将国控城市站点仪器设备运维工作中涉及的人、物、数据信息通过运维管理系统和手机 App 进行信息收集、处理、存储，并关联安防信息、视频监控、GPS 定位进行综合验证，实现设备生命周期痕迹化管理（图 5-6）。详细实现过程如下：

①运维人员通过运维管理系统在线填报仪器设备品牌、型号、监测类型、监测参数、测量原理等基础信息，也可以通过系统修改、删除仪器设备信息及进行信息的导出及导入操作，所有操作系统自动留痕。

②通过子站数据采集及传输模块、手机 App 获取子站仪器设备检查信息、校准及并行比对等数据信息，并填报工单信息，将检查记录及校准报告上传运维管理系统存储管理。

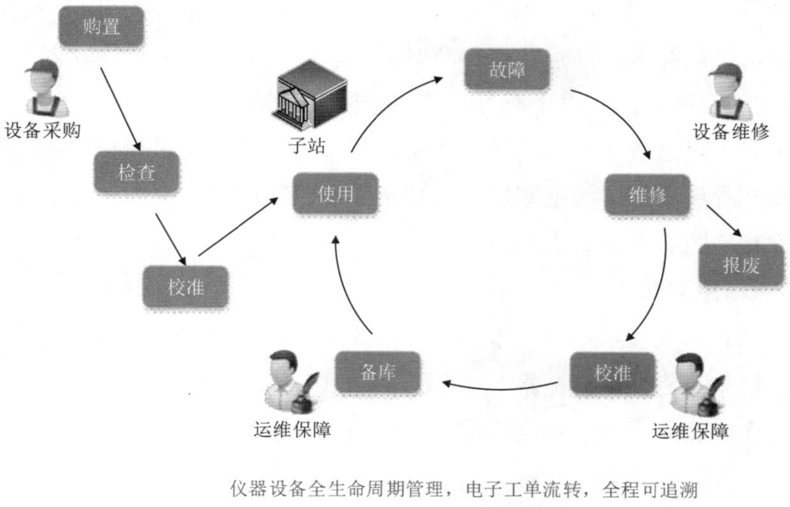

图 5-6　仪器设备生命周期管理

基于以上技术，可实现对各城市站房环境、安防设备及仪器设备参数及运行状态等数据信息实时监控，仪器设备生命周期内运维过程信息记录及管理，并可利用虚拟站房可视化技术实现可视化展示与管理。

第五节　功能设计

系统针对站房、六参数仪器设备、气象设备、安防设备及辅助设备四大类设备，以及现场端仪器设备静态和动态双重属性，设计子站及仪器设备管理功能模块。其中，子站管理功能重点设计了站点地图、站点基础信息管理、站点变更管理、站点交接管理、站房内外部环境管理、站房仪器设备管理、进站申请管理、站点安防信息管理及可视化站房等内容；仪器设备管理重点设计了仪器设备信息管理、仪器设备参数管理、仪器设备全生命周期管理、仪器设备运行状态监控以及备机使用管理等内容。

一、站房管理功能设计

1. 站点地图

系统具备站点地图功能，用户可直观地掌握国控城市站点的分布情况以及各站点所属城市、经纬度、站点状态、负责人等基本信息。站点地图功能针对现有1 734 个国控城市站点，将“十三五”和“十四五”站点以红、蓝两色进行区分，并在地图上显示。系统支持以全国、省份、城市为范围，批量选择区域内站点。设计标准图和卫星图等多类型图层，可检索显示路况图、路网图、地名等辅助信息。同时配有地图测距、站点测距、画线等工具，便于管理者分析使用。

2. 站点信息列表

系统以列表形式显示站点基本信息（图 5-7）。用户可以通过站点名称、站点类型、站点状态等信息进行检索。

对于工作中新增、变更站点需求，调整站点信息等情况，系统设置站点新增及编辑功能。同时系统会记录站点信息修改相关操作及操作人信息，便于管理人员追溯查询。

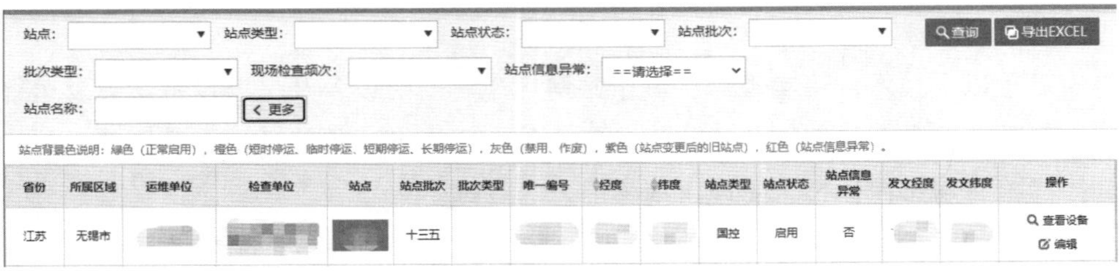

图 5-7　站点信息列表界面

3. 站点变更管理

系统提供站点变更管理功能（图 5-8），用户可通过新建站点变更工单，并按站点变更流程完成站点变更操作，并通过 PC 端或 App 上传站点变更相关证明材料。管理者可通过站点变更管理查看站点变更过程中的各类明细报告。

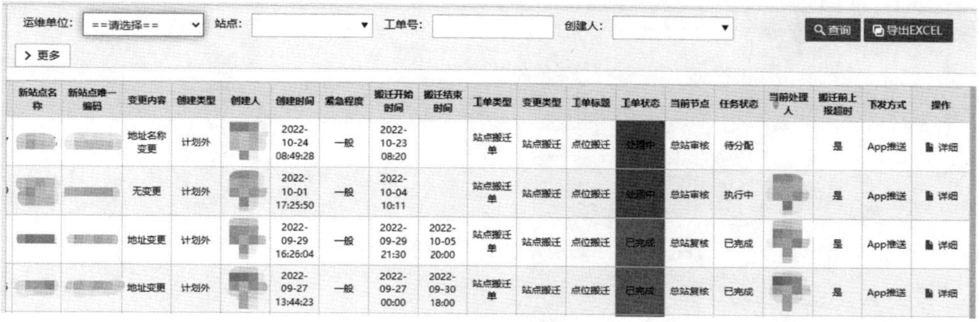

图 5-8　站点变更管理

4. 站点交接管理

站点交接管理（图 5-9）主要包括站点交接工单、站点交接计划信息、站点交接分类汇总统计等内容。

用户可通过站点交接管理对站点交接工作进度、站点交接信息以及交接凭证文件进行管理查询。

通过站点交接计划，用户可以对全国国控城市站点交接计划安排整体情况进行查看。通过站点交接下的分类统计功能，可将交接工单按新运维单位、原运维单位、省份、城市四类进行信息统计汇总，方便用户对站点交接信息进行管理。

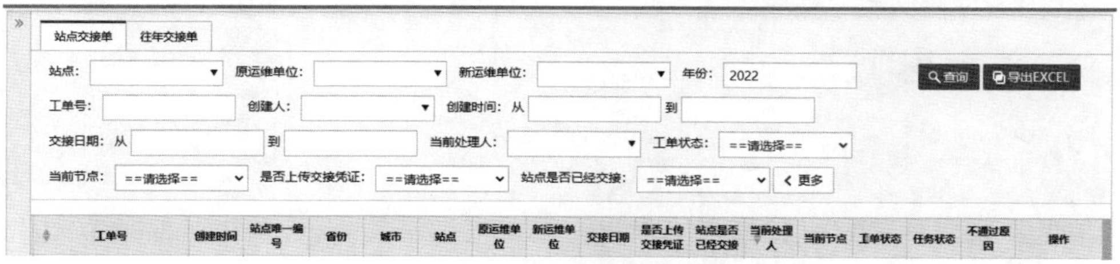

图 5-9　站点交接管理界面

5. 站房内外部环境管理

系统能够自动获取站房动力及环境参数，并通过时序图及列表形式显示（图 5-10）。通过该功能，用户可实时监控站房内外部环境情况。

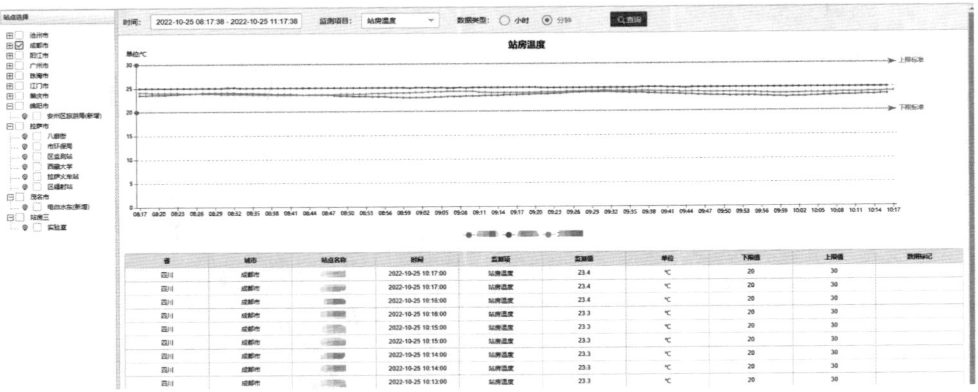

图 5-10　站房动力及环境参数查询界面

6. 站房仪器设备管理

系统提供站房仪器设备管理功能（图 5-11），用户可以对站点 SO_2、NO_2（NO、NO_x）、CO、O_3、PM_{10}、$PM_{2.5}$ 六项常规仪器设备，气象设备，动态校准仪，零气发生器，工控机等仪器设备的品牌、型号、编号、状态、上架时间、运行天数等信息进行编辑管理，也可根据站点设备变更情况进行设备下架、新增等操作。

图 5-11　站点设备查看界面

同时，系统设计站点仪器设备痕迹管理功能（图 5-12），便于用户从站点维度掌握站房仪器设备使用痕迹信息。系统通过列表显示运维单位、省份、城市、站点、监测类型、仪器设备类型、使用天数、仪器设备品牌、仪器设备型号、上架时间、仪器设备编号等信息。用户可通过条件检索查询相应站点设备信息以及设备更换历史情况。同时，系统支持 Excel 导出功能。

图 5-12　站点设备痕迹管理界面

7. 进站申请管理

系统设计进站申请管理功能（图 5-13），记录进站人员、进站时间、工作内容等相关信息，并实现进站全过程痕迹化管理。

系统以列表形式显示进站申请相关的站点名称、地区、工单号、创建人、紧急程度、工单类型、工单标题、工单状态、进站人员、工作内容、现场照片以及日志列表等信息，并支持条件检索以及 Excel 列表导出。

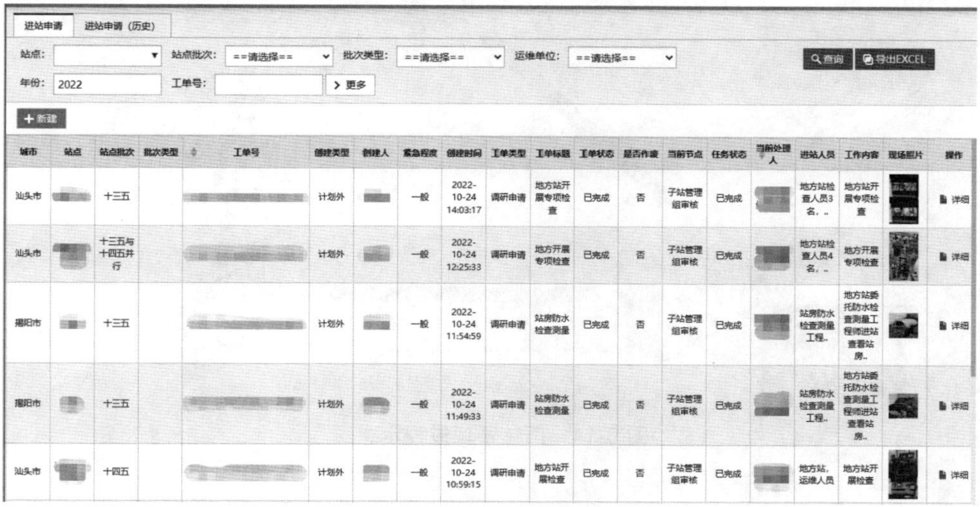

图 5-13　进站申请管理界面

8. 站点安防信息管理

视频监控功能是保证国控城市站点安全运行、正常维护、预防外界干扰的重要保障措施。系统从多个方面入手，实现对站房内外部环境、站房采样区的监控管理，保障国控城市站点运行安全。

（1）门禁管理

系统利用物联网技术对仪器设备信息进行信息收集、传输与监控，可实现对 1 734 个国控城市站点的门禁设备管理（图 5-14）。

无权限人员可通过系统 PC 端或移动端 App 申请进入站房，系统记录进站申请人、申请时间、站点名称等信息。此外，管理人员可在系统上做门禁授权设置和管理。当运维人员使用门禁进入站房时，会进行权限验证与图像采集，保留凭证；系统与门禁系统结合，记录站房门禁出入记录信息，形成站房门禁日志（图 5-15）。

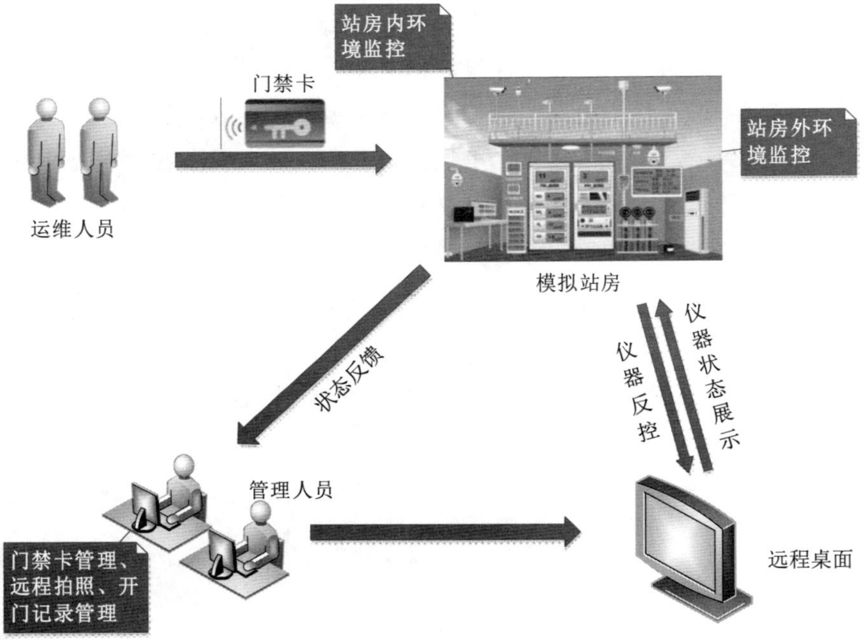

图 5-14　门禁管理过程示意图

系统具备门禁综合管理功能，记录站点进站申请和总站批复结果以及待开门列表，显示申请人、申请时间、进站理由等信息。

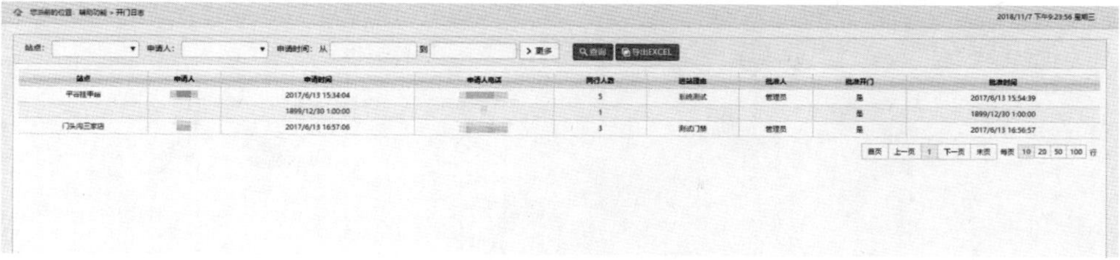

图 5-15　门禁日志

（2）安防视频监控

系统具备安防视频监控功能（图 5-16）。通过视频监控装置进行视频图像信息采集，与安防监控分析系统相结合，对站房内外进行视频监控与入侵检测。当有人员进入站房范围内时，自行判断人员身份信息并保存视频、截图信息，运用图像识别技术识别非相关人员进站并自动报警。

用户可以在运维管理系统查看站房安防监控视频，可选择站点、摄像头位置检索查看实时采集视频信息。此外，系统具备安防视频回放功能，选择需要查看站点、摄像机位置及视频存储位置，可拖动时间轴来回查看历史视频信息。

图 5-16　站房安防视频预览

9. 虚拟站房

用户可通过虚拟站房（图 5-17）实时查看站房内外部环境参数信息、仪器设备状态和监测数据，以及运维过程信息、报警信息、视频记录等。

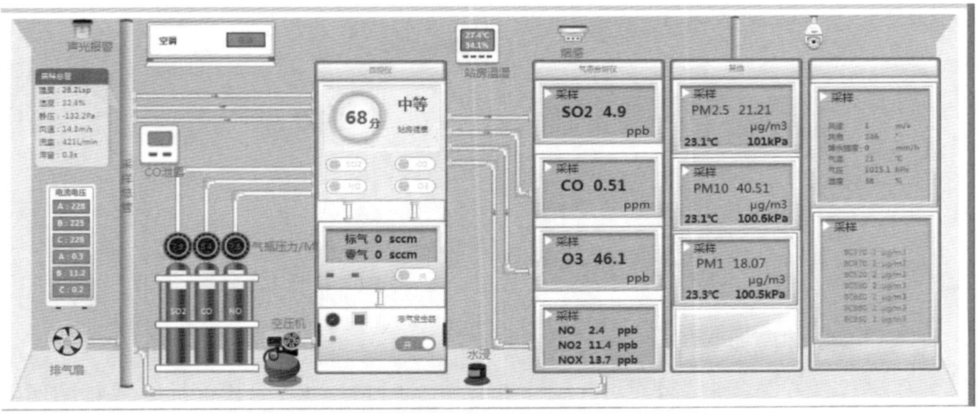

图 5-17　虚拟站房示意图

二、仪器设备动静态管理功能设计

1. 仪器设备信息管理

仪器设备信息管理（图 5-18）主要是对站房的所有仪器设备进行管理。包括仪器设备监测类型、品牌、型号、编号、购置日期、运维单位、上架时间、仪器设备状态、仪器设备保管人等信息。同时支持多条件联合检索查询及导出 Excel 格式文件。

通过点击新增或编辑并填报仪器设备基本信息，可实现仪器设备新增及相关信息修改。同时系统会对新增、修改相关操作及操作人员信息进行记录，便于管理人员追溯查询。

通过仪器设备信息管理功能，管理人员能全面掌握全国 1 734 个国控城市站点仪器设备使用情况。

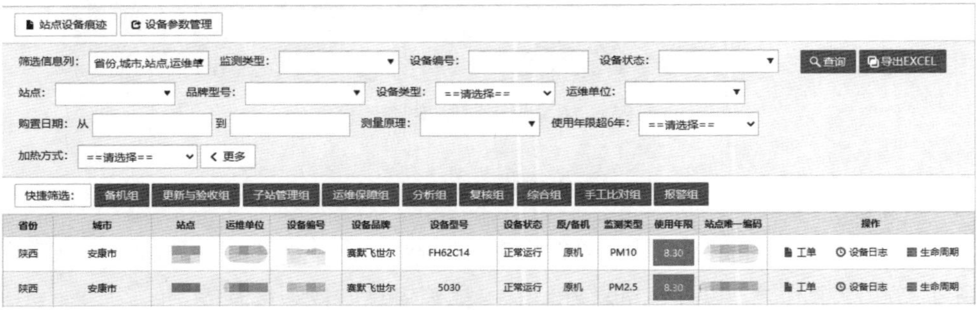

图 5-18　仪器设备信息管理界面

2. 仪器设备参数管理

运维管理系统具备核心参数配置管理（图 5-19）功能，可自定义仪器设备关键参数，并设置参数范围，进行仪器设备参数的增加、编辑、删除等操作。

图 5-19 核心参数配置示意图

（1）设备参数扫描一览功能

设备参数扫描一览主要查看全国国控城市站点设备基础和特征参数的采集情况。有权限用户可以按照行政区划、监测污染物、参数属性、品牌型号等条件进行筛选显示，便于用户掌握全国范围国控城市站点设备参数采集情况。

（2）站点参数采集明细

站点参数采集明细可便于用户查看关注站点设备基础和特征参数的采集情况（图 5-20）。

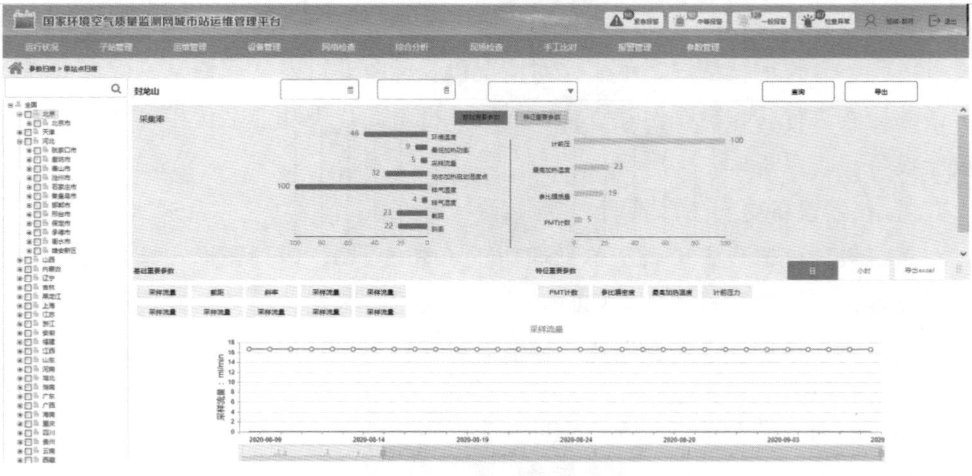

图 5-20 站点参数采集明细示意图

（3）参数异常统计

系统提供参数异常统计功能，结合监测数据复核结果，分析仪器设备参数对监测数据的影响。系统采用描述统计方法，从不同维度统计参数值与监测值的关系。

3. 仪器设备生命周期管理

（1）仪器设备更新及验收管理

当站点原仪器设备发生严重故障，不可维修或不具备维修价值时，需对仪器设备进行更新。为保障入网仪器设备性能，应对更新仪器设备进行验收。

仪器设备更新及验收管理是对设备验收审核、手工比对检查、仪器设备上架运行等全过程进行管理。系统根据仪器设备更新及验收工作流程，针对仪器设备管理动静态属性设计仪器设备更新及验收台账管理、仪器设备更新工单管理、验收比对派单、验收数据初核、验收数据查询、验收数据补录、验收比对分析等管理功能，运用物联网技术、工作流引擎并科学设计工单流转环节，对仪器设备更换的整个操作流程进行记录。

1）仪器设备更新及验收台账管理

仪器设备更新及验收台账管理主要是对仪器设备更新申请及验收批复文件进行统一管理。

更新申请台账以列表形式展示设备变更站点编号、变更设备监测类型、更换批次、总站发文、监测司发文等信息。用户可根据检索条件进行快速查询，通过“批量新建”及“重新同步”填写相关信息，新增更新申请台账。

仪器设备验收台账包括验收仪器设备所在地、监测类型、品牌、型号、仪器设备编码、验收审核情况、手工比对情况以及验收通过发文等信息。用户可通过多条件检索进行验收台账快速查询，通过“批量新建”功能上传相关文件，新增仪器设备验收台账。

2）仪器设备更新工单管理

系统设计仪器设备更新工单管理功能（图 5-21），以列表形式显示站点、原仪器设备、更换仪器设备、更换时间等信息。用户可通过检索条件快速检索相应仪器设备更新信息。点击操作栏“详情”可对仪器设备更新工单详情进行查看。系统支持导出 Excel 格式文件。

图 5-21　仪器设备更新工单示意图

3）验收比对管理

针对需更新的 $PM_{2.5}$ 监测仪器设备，总站需派手工比对单位进行手工比对，验证仪器设备性能是否满足要求，手工比对合格才可以新增到系统，并上架运行。验收比对管理分为验收比对派单、验收数据补录、验收数据初核、验收数据查询以及验收比对分析等。

①验收比对派单

验收比对派单信息（图 5-22）包括运维单位、运维人员、联系方式、比对单位、工单类型、创建人、预计到达时间、预计采样时间、采样开始日期、采样结束日期、工单状态、任务状态等信息。用户可通过检索条件对比对工单进行筛选，点击操作栏中“详情”按钮，可对验收比对工单详情进行查看。系统支持导出 Excel 格式文件。

图 5-22　仪器设备验收比对派单界面

②验收数据补录

验收数据补录是当城市站点出现网络或其他故障时，数据未能及时上传到系统，致使系统数据缺失，可通过运维管理系统手动建立补录工单补录缺失数据。

验收数据补录信息（图 5-23）包括运维单位、站点信息、工单号、创建人、创建时间、补录开始时间、补录结束时间、补录类型、工单状态、当前节点、任务状态、当前处理人、审核结果、审核负责人、补录结果等信息。用户可通过检索条件对补录工单进行检索查询，通过点击操作栏“详情”可以查看数据补录工单详情。

图 5-23　仪器设备验收数据补录界面

③验收数据初核

用户可以通过验收数据初核界面（图 5-24）对比对数据进行审核，系统通过列表和时序图形式显示手工比对数据，便于用户审核并及时发现异常数据。

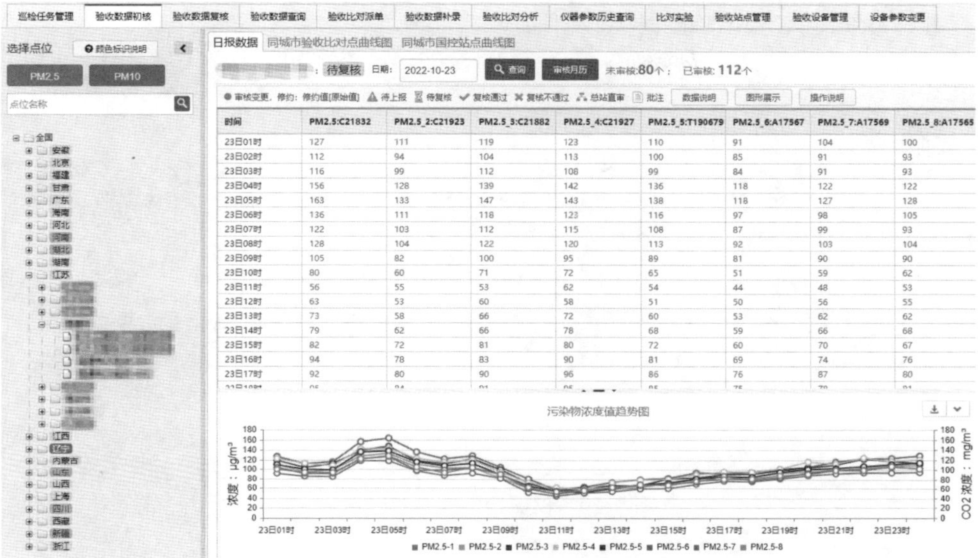

图 5-24　验收数据初核界面

④验收数据查询

验收数据查询功能可查询各验收站点的数据上传情况，数据状态分为未审核和已审核两种，只有当数据审核流程完全结束后，才判定为已审核数据。

验收数据查询界面通过列表显示验收比对设备所在站点信息、各比对设备监测小时数据等信息。用户可通过界面左侧树形菜单选择查看验收比对站点相应数据，通过选择“原始/已审核”切换查看原始数据或审核后数据。

⑤验收比对分析

通过该功能用户可查询各验收站点的验收数据、手工比对数据、周边国控城市站点的颗粒物数据，系统自动计算比对结果，判定验收数据是否合格。

系统提供参比数据、数据比对表、数据比对线型图，便于用户对验收比对结果进行分析。

（2）仪器设备故障管理

仪器设备故障管理主要是对监控报警、日常运维检查和网络检查过程中发现的仪器设备故障及处理操作进行记录管理。

用户可通过仪器设备故障管理界面（图 5-25），设定检索条件，快速查询相关信息。系统以列表显示设备故障工单站点信息、站点设备信息、更换设备信息、处理信息等内容。用户点击操作栏中“详情”，可以对仪器设备故障工单详情进行查看。系统支持导出 Excel 格式文件。

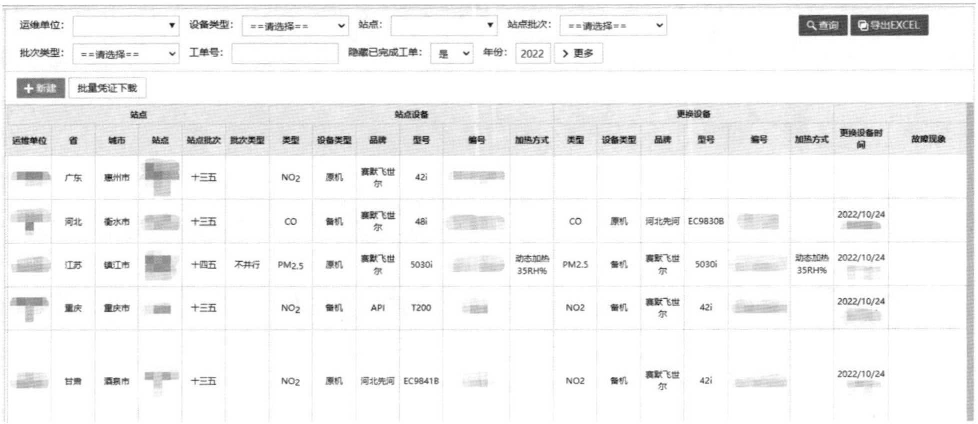

图 5-25　仪器设备故障管理界面

（3）仪器设备使用情况管理

1）仪器设备日志查询

通过仪器设备日志查询功能，用户可对仪器设备使用日志进行查询及下载。系统以列表形式显示各种仪器设备事件涉及的仪器设备品牌、型号、编号、监测类型、操作日期、操作人、事件内容等信息（图 5-26）。

图 5-26　仪器设备日志查看界面

2）运维痕迹管理

系统提供运维痕迹管理功能，用户可通过选择站点、仪器设备编号、类型、品牌、型号、运维单位、仪器设备状态、购置日期等条件查询相应仪器设备的历史运维痕迹信息，掌握其历史运维情况（图 5-27）。

图 5-27　仪器设备运维痕迹管理界面

3）仪器设备生命周期可视化管理

系统设计了仪器设备生命周期可视化功能，用户可以直观掌握仪器设备购买入库、校准、上架、检查、维修、下架时间节点等相关信息（图 5-28）。

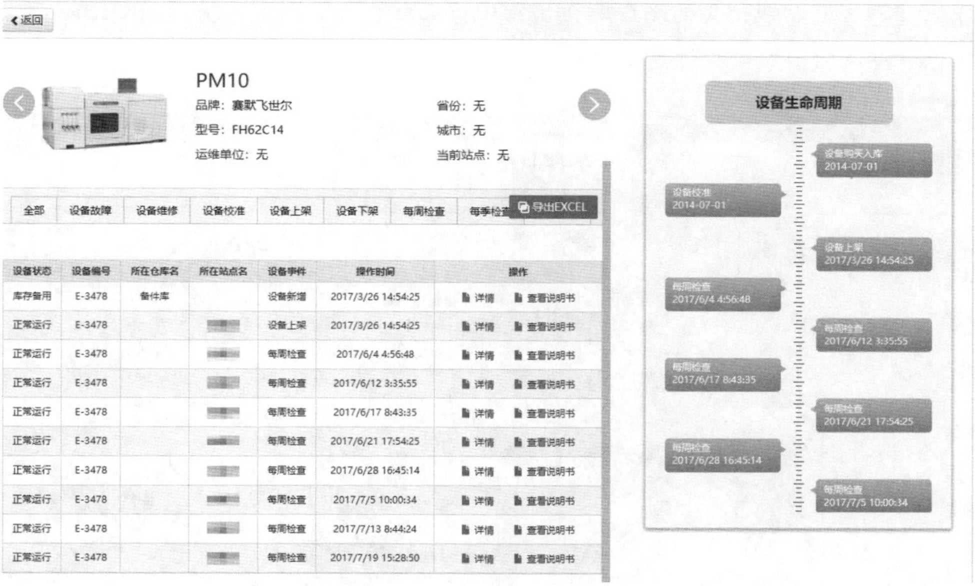

图 5-28　仪器设备生命周期界面

4. 仪器设备运行状态监控

系统通过数据采集及传输模块实现仪器设备运行状态实时监控。用户可在仪器设备运行状态监控界面，通过选择站点、仪器设备运行情况、是否报警、报警等级信息对相应仪器设备实时运行状态进行查看（图 5-29）。仪器设备运行状态通过颜色标识展示，其中绿色表示运行正常，黄色表示一般报警，橙色为中等报警，红色为紧急报警。

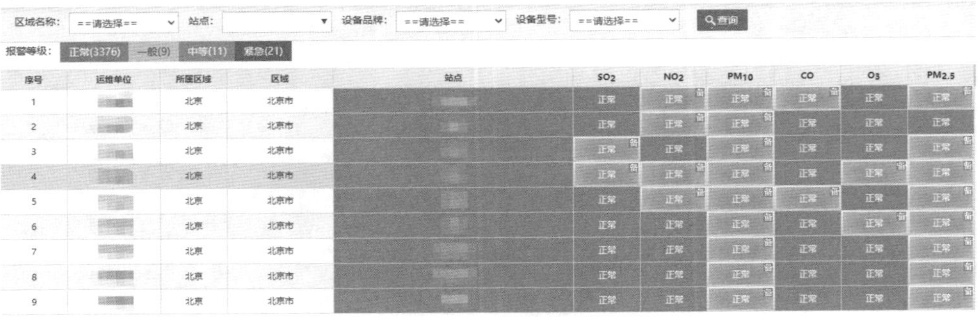

图 5-29 仪器设备运行监控管理

用户可通过点击列表右侧设备状态信息进入当前站点仪器设备详细监控界面（图 5-30），展示包括当前站点所有仪器设备运行状态、巡检记录、故障记录、报警记录以及历史数据等信息。

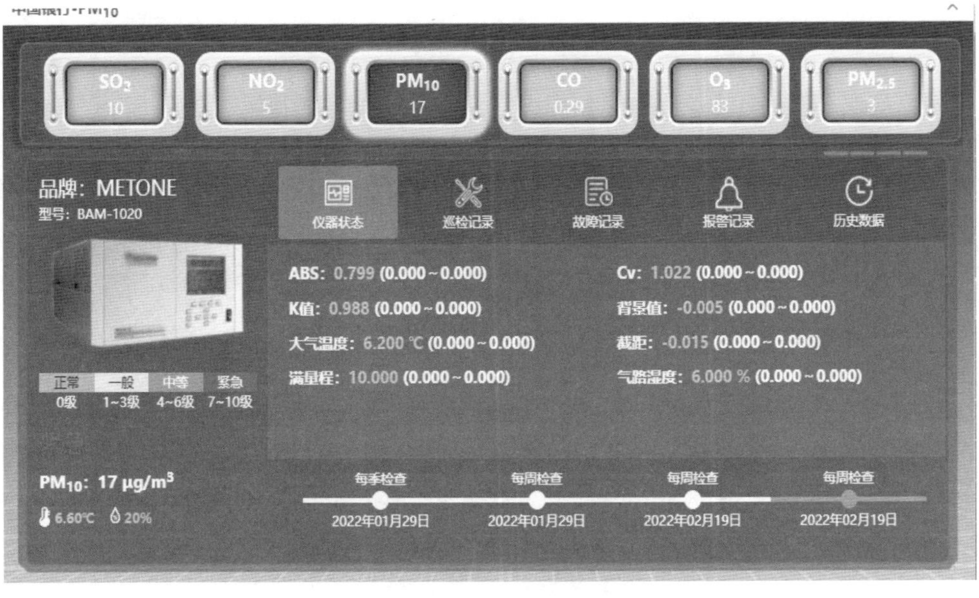

图 5-30 仪器设备监控界面

5. 备机使用管理

（1）备机综合管理

备机综合管理功能是通过建立备机电子档案库，对备机的基本信息，如仪器设备类型、品牌、型号、编号、购置时间进行登记，也可对备机动态变化信息，如所在地点、仪器设备状态进行记录和跟踪。

在备机综合管理界面（图 5-31），用户可进行新增、查询和编辑备机信息，掌握备机的运维情况、使用情况，并对其基本信息进行管理。

图 5-31　备机综合管理界面

（2）备机使用管理

当仪器设备运行出现故障且无法短时间在现场完成维修时，需通过更换备机的方式在运维管理系统将原有故障仪器设备进行下架，并将备机上架。

通过备机变更申请管理功能（图 5-32），对运维管理工作中更换备机的整个操作过程进行记录留痕。系统以列表形式显示原仪器设备信息、变更后仪器设备信息以及相应工单信息等内容，用户可通过运维单位、监测仪器设备、工单号、创建时间等条件实现备机变更申请工单的快速检索，掌握相应备机更换情况。

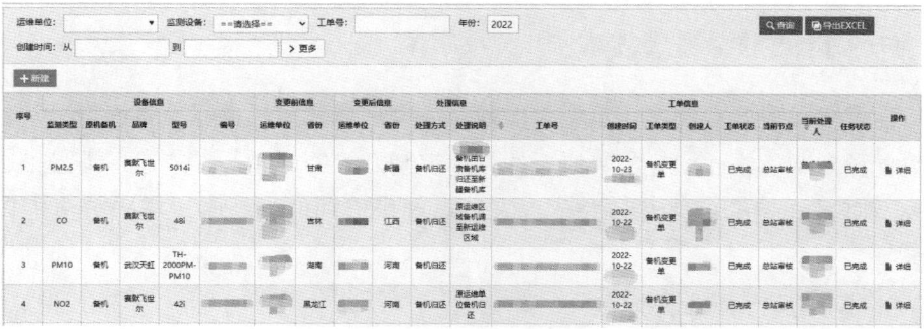

图 5-32　备机变更申请管理界面

第六章　报警管理功能设计与实现

第一节　需求分析

《环境空气质量标准》（GB 3095—2012）发布后，经过三个阶段能力建设，国家环境空气质量监测网所有城市均实现了空气质量新标准的监测，逐步形成了以提升环境监测基础能力、规范环境监测质量管理工作、完善环境监测制度和技术支撑体系、保障环境监测数据质量真实准确全面为目标的我国环境监测基础框架。空气质量监测过程需要严谨且精密，任何一个环节出现问题，都有可能影响监测数据的准确性及有效性。

为及时发现国控城市站点监测过程中监测数据、站房环境、仪器设备运行状态等异常情况以及人为干扰情况，需要综合利用物联网、视频处理及识别、视频安防联动报警等先进技术手段，设计一个具备自发诊断站房环境异常、仪器设备故障等问题的报警功能管理模块，及时发现并处理异常问题，为人为干扰的调查取证、监督执法提供依据，提高国控城市站点的信息化及智能化管理水平。

一、自动报警提醒需求

为及时发现异常情况，系统需实现对站房环境异常、仪器设备运行异常、监测数据异常、运维质控异常等情况的自动识别及报警功能，并能通过消息推送的方式及时通知运维单位及相关负责人。自动报警功能设计时，应充分考虑以下内容：

1. 网络运行异常识别

实时监控网络整体运行状态，针对长时间未接收到站房上报监测数据的情形触发网络异常报警。

2. 站房及仪器设备运行异常识别

实时监控仪器设备参数改变情况、仪器设备在线及离线情况、仪器设备运维及质控情况、站房环境等，对站房环境及仪器设备异常情况进行监控报警。

3. 异常数据识别

对监测数据进行监控，实现对数据离群、跳变、污染物间相关性差、数据缺失等情况的识别，一旦发现监测数据异常，立即报警并提醒相关人员。

4. 运维人员运维行为异常识别

结合监测设备状态、气象数据、污染物之间的相关性、不同时段污染物变化特征等信息，基于不同报警规则，对数据异常变化情况进行监控，并对可能发生的异常情况或人为干扰问题进行重点监控，一旦触发报警规则，立即报警。

5. 非相关人员入侵识别

为防止非相关人员进入站房或采样区，对监测数据造成干扰，需基于视频监控装置，对进入站房或采样区的人员进行人脸识别，区分是否是运维相关人员，实现对非相关人员入侵的报警提醒功能，并对报警时段视频信息进行自动抓拍及录像，便于事中追踪、事后分析取证工作的开展。

6. 视频监控装置离线识别

为保证视频监控装置持续正常运行，需及时监测视频监控装置在线、离线状态，设定智能规则判别视频监控装置离线情况，针对异常离线产生离线报警，及时通知运维人员处理异常离线情况。

二、报警审核管理

根据运维管理相关要求，现场运维人员需对报警情况进行处理、上报，管理人员对处理情况进行审核管理。为保证对报警问题处理及监管的及时性和有效性，系统需设计报警审核管理功能，对异常报警事件进行审核管理，形成由运维人员处理报警问题、审核人员对报警处理过程进行研判审核的闭环管理模式。

三、报警规则配置

报警规则应根据管理工作的要求不断优化改进，科学、合理的报警规则配置能有效提升异常问题排查效率及精准度。因此，系统需设计报警规则配置功能，并对报警信息进行分级设置，便于相关人员根据报警优先级对报警情况进行分级处理，从而实现精准、高效识别异常情况并及时解决异常问题。

第二节 目标

运用物联网、视频识别处理、视频报警过滤、视频联动报警等先进技术手段，根据运维工作中异常问题判定处理的经验，利用仪器设备关键参数上/下限数据库、仪器设备运行状态判别数据库，同时结合网络运行状态、仪器设备运行状态、监测数据关联分析、视频识别捕捉等多方面构建报警规则，建立一个异常问题高效诊断识别、优先级分明的报警管理功能模块。

第三节 关键技术及实现过程

一、关键技术

1. 网络摄像机及视频识别处理技术

网络摄像机（IPCAMERA、IPC）由一个网络传输模块和一个模拟摄像机组合而成，摄像机拍摄到的数字信号经压缩后，通过网线传入服务器。用户可通过网线与摄像机直接连接，使用网页客户端浏览摄像机的实时画面。目前网络摄像机技术正在逐渐与人工智能，特别是机器识别处理技术进行融合，搭载智能分析模块的网络智能球机正在逐步走进人们的视野。

通过网络智能摄像机内置智能识别模块，基于采集到的画面视频信息，智能球机能够通过视频识别技术准确识别出球机画面中的物理含义，并做出一定的反应。视频识别及处理技术的出现极大地改变了网络摄像机的人机交互流程，使得摄像机的报警联动反应更迅速、更便捷。目前，视频识别及处理技术智能分析种类包括周界、单绊线、双绊线、徘徊、快速移动、物品遗留、丢失、人群聚集、音视频诊断、翻窗检测、人脸检测等。

通过网络摄像机及视频识别处理技术的运用，管理者能更清晰查看国控城市站点环境情况，仪器设备的运行情况、运维人员工作情况，如发现非相关人员闯入、堵塞采样头、人为干扰仪器设备运行监测等情况，可对拍摄内容截图、录制并输出报警信号，通知相关人员及时处理，从而快速发现异常情况，同时对人为干扰起到震慑作用。

2. 视频报警过滤技术

为了满足工作需求，视频报警信息需准确可靠，避免大量无效报警信息过多占用时间及人力资源，从而影响报警工作处理的及时性。视频报警功能在现实应用过程中往往会因视频报警规则设置过于宽泛、视频报警区域过大、视频摄像头硬件性能差异等问题，对飞鸟、降雨、树叶晃动、运维人员正常运维等产生报警。为了提高报警信息的准确率，系统采用报警过滤技术，增加报警识别算法，设计周界报警过滤功能，对视频摄像头上报的越界侦测报警和区域入侵报警进行过滤，可去除由树叶、灯光、阴影以及小动物引起的误报；对越界、区域入侵等行为分析进行人体目标二次识别，过滤非人为触发报警；与进站备案信息联动，减少因正常运维产生的无效报警。

3. 智能报警推送技术

从报警领域的技术体系进行分析，报警信息的应用需具备终端切入与逆向推进两大特点。在报警信息推送方面，利用智慧化手段对报警信息的各种情况进行识别，并通过两种方式进行处理：一是对情况的紧急程度进行识别。当系统识别为紧急情况时，可不通过人工判断与分辨，直接进行智能化报警。二是在复杂情况下，人工利用报警信息及相关信息进行后台处理和评估，而后采取相应措施。

系统利用智能化存储技术，将检测到的信息进行收集、处理及存储，并对存储数据信息按照其内部规律及其本质属性进行显性化处理。同时，系统借助人工智能技术对大量采集数据信息进行存储与分析，通过人工对报警信息的审核反馈结果，结合智能算法对报警事件的准确性进行总结，通过智能报警技术不断应用以及深入量化分析，调整相关参数，实现对报警推送信息的不断优化完善。

二、实现流程

1. 站房环境及仪器状态报警

运用物联网技术，实时获取记录监测数据、仪器设备参数及状态数据、站房温湿度等信息。系统将获取到的数据进行规格化和过滤处理，将需要的数据提取到监控报警模块，并通过预先设置的报警模型规则，判断是否需要引发报警。若需要引发报警，则向运维人员和相关人员发送报警信息。同时，将报警事件进行实时记录，并将报警结果存入数据库以备调用（图 6-1）。

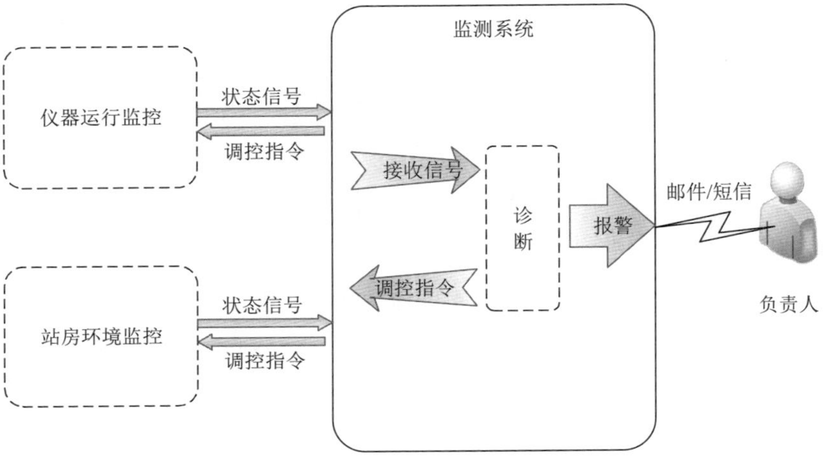

图 6-1 站房环境和仪器状态监测报警实现流程示意图

2. 视频监控报警

当有非相关人员进出国控城市站点站房，站房采样区警戒面遭受非法入侵，或运维人员在非运维时段进入站房或采样区时，会触发运维管理系统报警，系统自动抓取前端 DVR/NVR 的视频流和人脸图片，供后台进行分析。同时系统会创建一个结构体用来存放产生的报警信息，并将报警信息储存到相应的数据库中（图 6-2）。

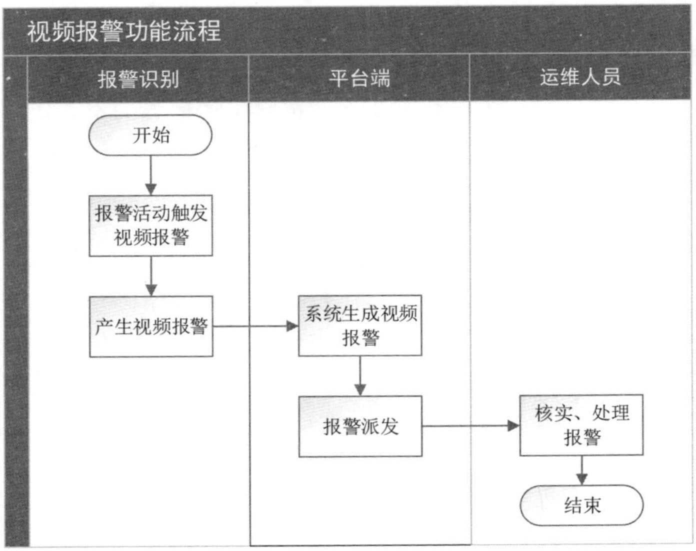

图 6-2 视频报警功能流程图

若同一时间有多个站点并发报警，系统可同时抓取多路视频码流。可根据用户定义的报警等级进行设计，优先自动抓取等级高的报警事件视频流，待完成后，再取同等级或更低等级的报警事件视频流。相同等级的报警事件，按照是否属于重点管控城市/区域的站点进行优先级排序。

系统支持包括但不限于区域入侵报警、人脸识别报警，以及视频离线报警等功能。

（1）区域入侵报警

在监控区域内，物体移动情况下，通过智能 AI 识别，实现剔除对小动物（猫、鸟、昆虫）、风吹植物动、火源等的噪声干扰，生成大型可活动物体（人、动物等）的区域入侵报警。结合运维任务线上报备情况过滤无效入侵报警，提高报警准确率（图 6-3）。

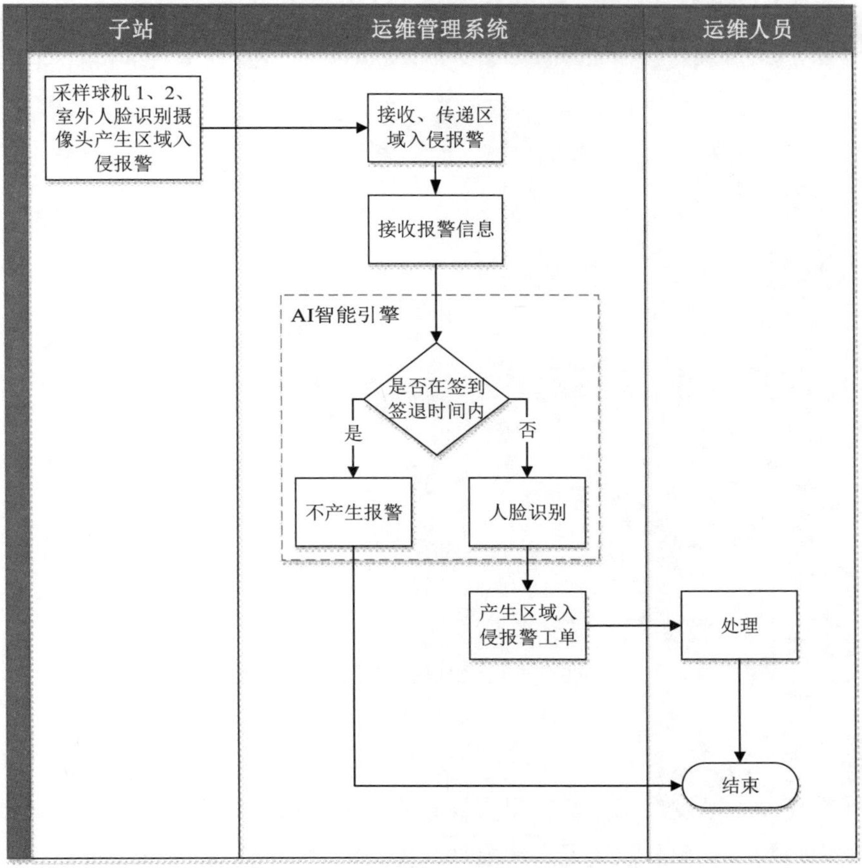

图 6-3 区域入侵报警联动流程图

（2）人脸识别报警

将运维人员的人脸信息录入人脸库，对当前站点侦查出的所有人脸匹配人脸率，实现对现场运维人员和运维工单中填写的运维人员的匹配，并对未录入人脸识别库的陌生人脸及时识别并报警（图 6-4）。

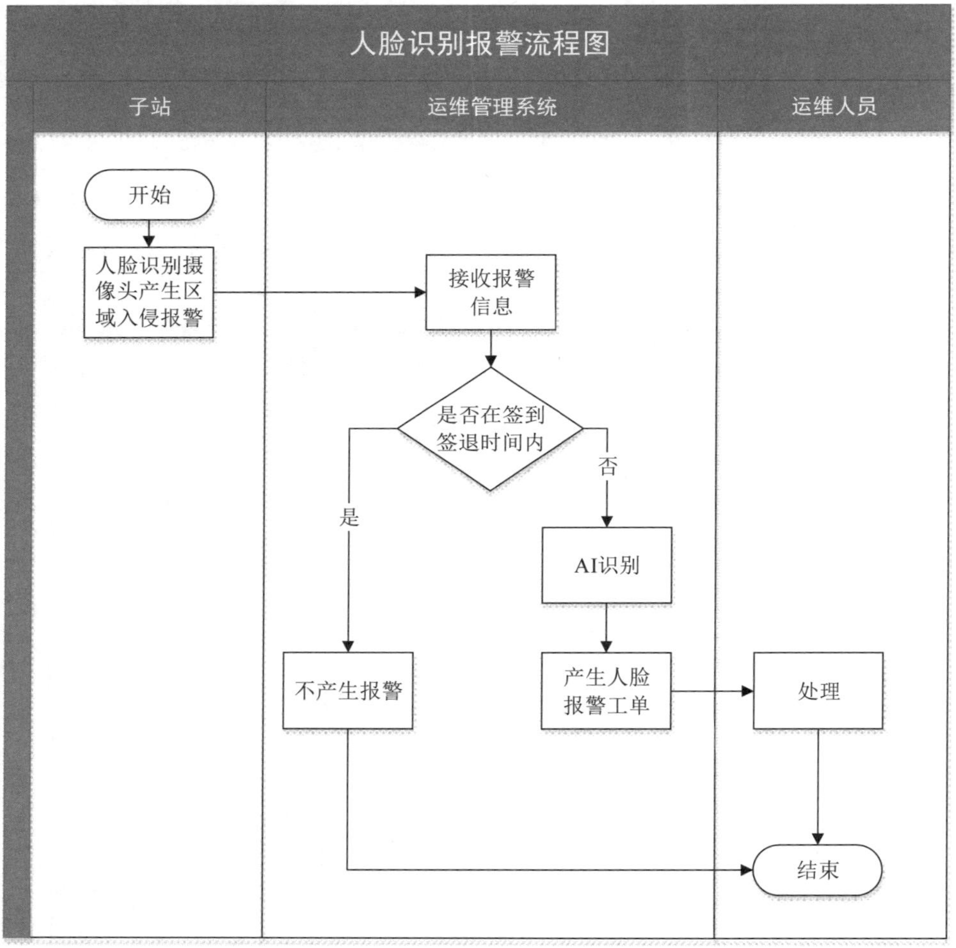

图 6-4　人脸识别报警流程图

（3）视频离线报警

视频离线时触发离线报警，根据视频监控装置离线数量及离线时长，通过系统内嵌规则判定视频监控装置离线事件，生成轻度离线、重度离线报警等，以便及时发现并处理视频监控装置离线情况。

3. 报警规则设置

为了实时监控站房仪器设备运行及监测数据上传情况，做到及时发现问题并解决异常情况，系统从站点网络运行情况实时监控、站房仪器设备运行状况实时监控、关联分析与监测数据异常报警、运维人员运维行为异常识别、视频监控报警五个方面进行了具体报警规则设置。

（1）站点网络运行情况报警规则

网络整体运行状态监控是对监测网络联网状态进行监控，当仪器设备、视频监控装置离线等情形出现时，触发系统报警。系统自行检测站点分钟/小时数据是否上传，若检测到数据没有上传，系统会自动生成报警信息，并可通过仪器设备离线数量、离线时长等设定规则生成不同情形报警提醒信息，包括断电离线、断网离线、仪器设备异常、网络不稳定等。

（2）站房仪器设备运行状况报警规则

站房仪器设备运行状态报警规则从仪器设备动静态属性考虑设置，包括参数异常报警、参数变更报警、仪器设备更换报警。

①参数异常报警

通过设定某个仪器设备某项参数的范围，如超过系统内设定的参数范围则触发报警。仪器设备关键参数包括 K 值（斜率）、截距、最高加热温度、最小加热效率、相对湿度目标值、灵敏度等。

②参数变更报警

通过设定某个仪器设备的某项参数（该参数为固定值），每次获取的小时值与上一小时值比较，如发生变化则触发报警。

③仪器设备更换报警

系统将每小时获取监测联网的每个站点仪器设备品牌、型号与运维管理系统仪器设备品牌、型号对应的品牌、型号关系进行对比，有变化即触发报警，同时更新运维站点的“仪器设备更换异常”属性为“是”。

（3）关联分析与监测数据异常报警

对 SO_2、NO_2（NO、NO_x）、CO、O_3、PM_{10}、$PM_{2.5}$ 等常规监测项目进行动态监控，当发生数据连续不变、波动较大、颗粒物倒挂等异常情况时，依据报警规则进行报警。具体管理内容如下：

①断数报警：当监测数据发生断数超出设定时长时，产生报警。

②污染物浓度超量程报警：当监测数据数值超出设定数值范围时，产生报警

信息。

③数据持续不变报警：当监测数据连续不变时长超出设定阈值时，产生报警信息。

④颗粒物倒挂报警：当颗粒物数据出现倒挂，并超出设定规则时，产生报警信息。

⑤颗粒物均值异常报警：当监测数据在设定时段的波动值超过设定阈值时，产生报警信息。

⑥颗粒物城市数据监控报警：当站点的小时值大于设定值，且大于城市小时均值的设定比例时，产生报警信息。

⑦低浓度波动异常报警：当监测数据在设定时间段内有超过设定比例的数据未超出设定的低浓度范围时，产生报警信息。

（4）运维人员运维行为异常识别

结合仪器设备监测数据标识情况和运维痕迹信息，对在重点监控时段开展运维及质控的可疑情况进行报警。

（5）报警规则设置自定义

报警规则设置自定义功能是报警管理业务中核心功能之一，随着业务系统不断优化完善，管理者会对报警规则进行不断优化调整。系统提供报警规则自定义功能，可根据管理者需求变化，设定不同报警规则。

4. 报警闭环管理

报警信息生成后，系统通过两种信息推送方式提醒相关人员处理。对于紧急报警信息，系统根据预先设置好的收信（收件）人号码（邮箱、账号）信息，通过短信、邮件及App等多种方式直接推送报警信息。当出现非紧急报警信息时，系统将自动把报警信息通过网页弹窗/报警工单等形式自动推送至相关人员，根据预先设定的审核流程，待管理人员人工审核后对报警信息进行任务分配。

当运维人员处理报警信息或报警工单并提交后，管理人员可在系统上通过报警审核管理功能对报警情况和运维人员处理情况进行审核。

为了避免线下报警审核工作中存在的报警处理流程不透明、运维人员填写报警原因不规范、报警信息统计数量不准确、报警与数据审核工作信息融合性差等问题，充分考虑各种报警信息工作场景，结合数据审核、报警分析工作特性，依据闭环管理的要求，设计报警信息生成、运维人员处理、报警审核、数据复核及二次审核等多个流转节点。将报警审核及数据审核工作串联起来形成工作闭环，审核过程每个节点均会在系统留痕记录，从而使报警处理更加规范、透明。

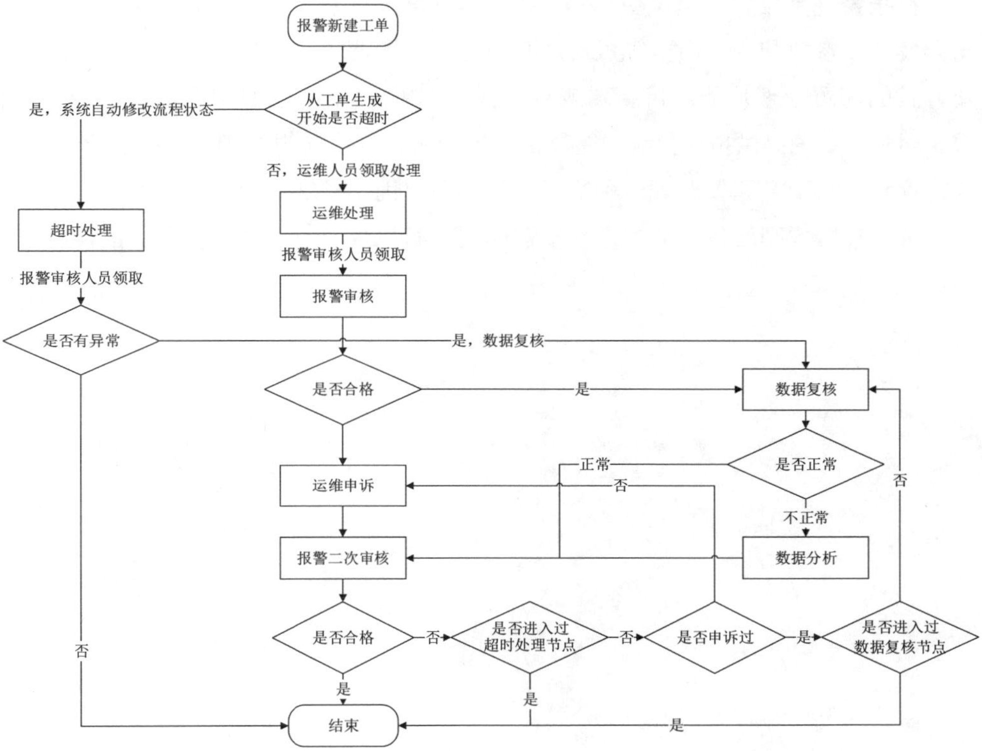

图 6-5　报警闭环管理实现流程图

第四节　功能设计

系统报警管理功能模块设计开发了报警配置管理、报警信息查询、报警工单审核、报警审核一览、数据联网状态等多种功能，为管理者提供了便捷、高效的异常事件监督管理工具，确保了网络监控的自动化，加强了系统的智能化建设。

一、报警配置管理

“报警配置管理”是对系统所有报警进行配置管理的功能，包括报警工单配置、报警规则、报警规则删除历史、报警原因、工单配置密码和超时工单审核配置功能。

1. 报警规则

在报警规则设置界面（图 6-6），系统提供监测数据、仪器设备参数数据、站房动力及环境参数和气象数据等报警规则自定义设置功能，并提供报警信息通知人员及方式的配置管理功能；可新增或删除报警规则，以满足报警规则优化调整的需求。同时，系统提供报警分级设置功能，用户可根据不同报警类别及报警严重程度来设置紧急、中等和一般等三种情况，便于用户优先发现并处理关键性异常事件。系统依据报警规则对各项数据进行报警诊断，满足报警条件时进行系统报警。

图 6-6 报警规则设置界面

报警规则修改直接影响异常情况的发现及处理，因此系统对涉及报警规则修改的相关操作进行记录并形成日志，为后续问题追溯、排查提供依据。

2. 工单配置管理

并非所有报警信息均要生成报警工单，对于涉及监测数据、站房环境及仪器设备运行情况等需按要求、流程进行核查的报警信息设置生成报警工单，既能保证对重要报警信息的处理及核查，同时也能最大限度地节省人力资源。

系统用户可通过“报警工单配置”（图 6-7）、“超时报警工单配置”对不同报警规则进行选择，设置报警是否需要生成报警工单，以及运维人员超时未处理工单的节点自动流转等。

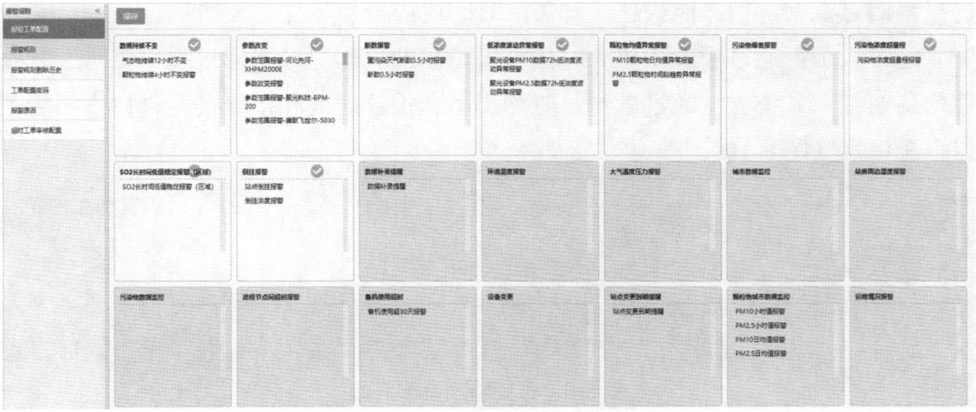

图 6-7　报警工单配置界面

3. 报警原因配置

为便于运维人员处理报警工作，提升报警工单管理标准化水平，系统提供报警原因配置功能（图 6-8）。用户可配置不同报警类型工单的报警原因，便于运维人员处理报警时快速选择填报。

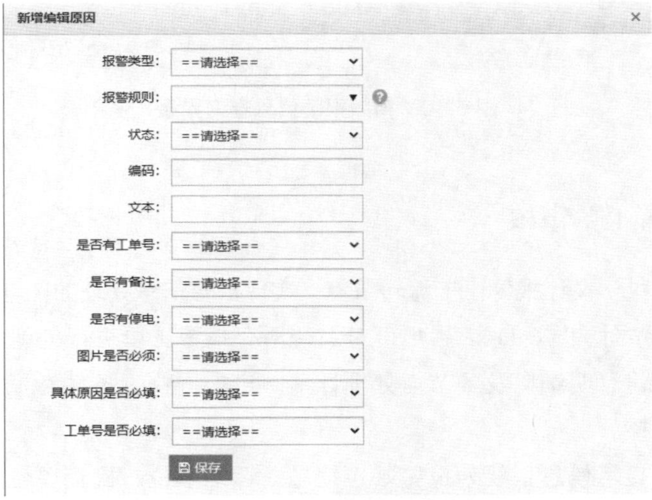

图 6-8　报警原因配置界面

二、报警信息查询

报警信息查询是对系统监控产生的各类报警工单进行管理的功能。系统通过未处理、已处理、已完成和全部四类工作表分类显示报警工单信息（图 6-9）。通过报警信息查询，用户能快速了解关注时间段内报警事件处理情况。

运维人员可通过领取工单来完成报警信息的处理，还可通过报警记录查看报警信息明细。系统支持通过站点、监测类型、报警时间和报警类型来检索相应站点报警信息（图 6-10）。

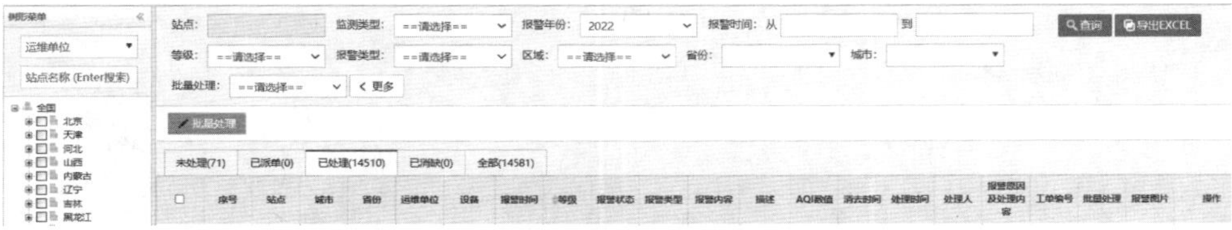

图 6-9 报警信息查询界面

站点	运维单位	报警事件	报警开始时间	报警结束时间	处理状态	批量处理	处理时间	处理结果	处理人员	操作
		区域入侵报警	2022-10-05 21:44:34		已处理	否	2022-10-08 23:39:11	运维人员		详情
		轻度离线报警	2022-10-05 21:31:05	2022-10-06 00:30:51	已处理	否	2022-10-12 10:29:00	站点停电		详情
		轻度离线报警	2022-10-05 21:31:04	2022-10-06 00:30:50	未处理					详情
		轻度离线报警	2022-10-05 21:31:01	2022-10-06 00:30:47	已处理	是	2022-10-13 00:03:55	站点搬迁		详情
		轻度离线报警	2022-10-05 21:30:59	2022-10-06 00:30:45	已处理	否	2022-10-11 12:23:02	VPN故障，引发...		详情
		区域入侵报警	2022-10-05 19:05:02		未处理					详情
		区域入侵报警	2022-10-05 19:00:21		未处理					详情
		区域入侵报警	2022-10-05 18:58:59		未处理					详情
		区域入侵报警	2022-10-05 18:58:02		未处理					详情
		区域入侵报警	2022-10-05 18:51:26		未处理					详情

图 6-10 视频报警信息查询界面

三、报警工单审核

系统通过科学设计报警工单流转节点，实现报警信息处理的闭环管理。在“报警工单审核”界面（图 6-11），用户可对系统所有报警工单进行处理、审核、查询，详细查看报警信息明细以及各节点处理详情。可根据检索条件对报警工单进行查询、领取及审核。

报警工单显示信息主要为报警站点信息、运维单位、检查单位、仪器设备品牌型号、报警时间、报警等级、报警类型、报警内容、报警时段监测数据曲线图以及各个节点的处理详情等。

图 6-11　报警工单审核界面示意图

四、报警审核一览

“报警审核一览”（图 6-12），通过日、月两个维度显示报警工单各节点处理、完成情况。通过选择月份可显示当月各运维单位所有报警工单的处理、完成情况。

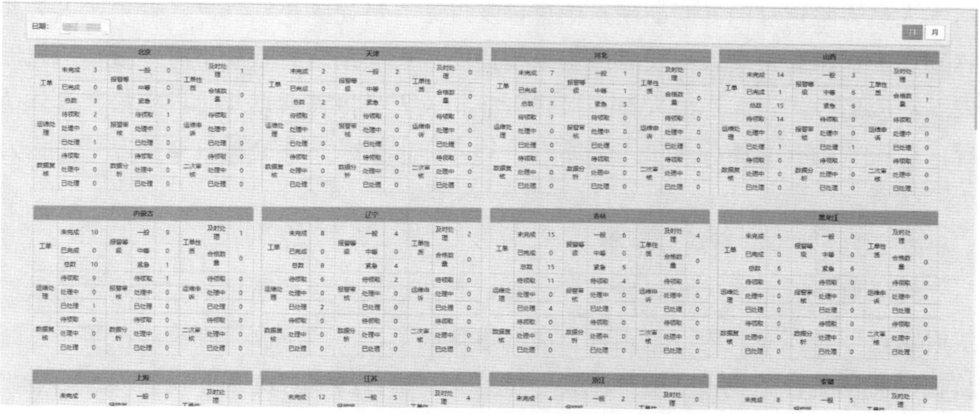

图 6-12　报警审核一览“日”维度示意图

五、视频监控报警

1. 区域入侵报警

区域入侵报警功能用于产生、核实和处理区域入侵报警。在监控区域内，物体移动情况下，通过智能 AI 识别，实现剔除对小动物（猫、鸟、昆虫），风吹植物动，火源等的噪声干扰，生成大型可活动物体（人、动物等）的区域入侵报警至系统（图 6-13）。由系统将区域入侵报警派发至对应运维人员，运维人员在接收到区域入侵报警后须及时核实区域入侵报警的具体情况，并对报警工单进行处理，保证站点监测采样区正常工作。

城市： 运维单位： 站点： 时间： 2022-09-01 16:22:27 - 2022-09-30 16:22:27 查询 导出

行标签： 省份 运维单位 城市 站点

列标签： 总报警次数 轻度离线报警次数 严重离线报警次数 区域入侵报警次数 喷淋报警次数 陌生人报警次数

省份	城市	站点	运维单位	总报警次数	轻度离线报警次数	严重离线报警次数	区域入侵报警次数	喷淋报警次数	陌生人报警次数
北京	北京市	[illegible]	[illegible]	0	0	0	0	0	0
河北	唐山市	[illegible]	[illegible]	2	2	0	0	0	0
河北	张家口市	[illegible]	[illegible]	0	0	0	0	0	0
河北	沧州市	[illegible]	[illegible]	5	5	0	0	0	0
山西	太原市	[illegible]	[illegible]	5	0	5	0	0	0
内蒙古	呼和浩特市	[illegible]	[illegible]	0	0	0	0	0	0
辽宁	沈阳市	[illegible]	[illegible]	0	0	0	0	0	0
上海	上海市	[illegible]	[illegible]	5	0	5	0	0	0
上海	上海市	[illegible]	[illegible]	0	0	0	0	0	0
江苏	宿迁市	[illegible]	[illegible]	0	0	0	0	0	0

图 6-13 视频报警统计示意图

2. 非相关人员报警

非相关人员报警功能用于产生、核实和处理非相关人员入侵报警。系统录入运维人员人脸信息，并匹配站点信息以及进站人员视频识别信息。对未录入人脸识别库的非相关人员入侵及时产生报警信息推送至系统。系统将有关报警信息派发至对应运维人员。运维人员在接收到非相关人员报警后须及时核实报警具体情况。若核实确有非相关人员入侵站点，须立即上报总站并处理报警情况，防止人为干扰行为。

3. 视频监控装置离线报警

视频监控装置离线时触发离线报警，系统可根据视频监控装置离线数量及离线时长，通过在系统内嵌规则判定离线事件类型，生成不同级别离线报警。系统将视频监控装置离线报警工单派发至运维人员进行核实、处理，从而保证站点视频监控装置正常运行。

第七章　日常运维及质控管理设计与实现

第一节　需求分析

目前，1 734 个国控城市站点共有千余名运维单位技术人员，涉及近百种品牌型号、上万余台仪器设备，各品牌仪器设备性能特点、维护方法都存在较大差异。同时，各运维单位的运维管理能力及各地运维人员的技术水平不同，导致各地运维及质控水平不一。部分运维人员对信息反馈的及时性、准确性达不到要求，影响后续的数据审核及复核工作。需要搭建一个以物联网、大数据等先进技术为基础，依据国家环境空气质量监测网运维管理体系要求设计的运维及质控管理模块，实现对国控城市站点运维及质控工作的统一标准化管理，提高运维及质控工作的及时性和有效性，更好地保障监测数据的质量。根据国控城市站点运维管理工作业务需求，日常运维及质控管理具体需求分析如下：

一、运维任务计划管理需求

根据国家环境空气质量监测网运维管理体系要求，国控城市站点日常运维按周、月、季度、半年、年等时间维度进行划分，不同时间维度工作内容不同。同时，为保证运维工作质量，需定期开展现场检查工作。运维单位及现场检查单位提前制订任务计划并开展相关工作。如遇突发情况，需对计划进行调整变更。

系统需统筹所有日常运维计划、现场检查计划，提供计划制订、审核、查询、分配等功能。同时针对突发情况，设计计划变更管理，便于各单位之间协调工作时间、总站管理人员掌握变更原因。

二、运维操作记录管理需求

根据国控城市站点运维管理工作业务需求，依据《环境空气质量自动监测技术规范》（HJ/T 193—2005）、《环境空气颗粒物（PM_{10}和$PM_{2.5}$）连续自动监测系统技术要求及检测方法》（HJ 653—2021）、《环境空气颗粒物（PM_{10}和$PM_{2.5}$）连续自动监测系统运行和质控技术规范》（HJ 817—2018）、《环境空气气态污染物（SO_2、NO_2、O_3、CO）连续自动监测系统技术要求及检测方法》（HJ 654—2013）、《环境空气气态污染物（SO_2、NO_2、O_3、CO）连续自动监测系统运行和质控技术规范》（HJ 818—2018）等技术规范，日常运维及质控工作内容见表 7-1。

表 7-1 日常运维及质控工作内容

项目		工作内容	频率
颗粒物采样系统		清洁采样头	每月
		清洁采样管路	每季度
β 射线设备	仪器维护	运行状态及参数检查	每周
		纸带检查	每周
		垫块检查	每季度
		检查加热装置	每周
		时钟检查	每周
		流量检查	每周
	质量保证和控制	气路气密性检查	每半年
		气温检查	每季度
		压力检查	每季度
		标准膜检查	每季度
		气体温度传感器检查	每季度
		数据一致性检查	每周
振荡天平法设备	仪器维护	运行状态及参数检查	每周
		更换采样滤膜	每两周
		更换清洁空气滤膜	每两周
		时钟检查	每周
		更换滤芯	每半年
		清洁气态/参比态气路切换阀	每年
		更换样品气体干燥器	每年

项目		工作内容	频率
振荡天平法设备	质量保证和控制	气路气密性检查	每半年
		流量检查	每周
		气温检查	每季度
		压力检查	每季度
		校准常数（K_0）检查	每季度
		气体温度传感器检查	每季度
		数据一致性检查	每周
气态污染物监测设备	辅助设备维护	站点设备清洁	每季度
		采样支管清洁	每季度
		采样总管清洁	每季度
	监测仪器检查	监测设备运行状况及状态参数检查	每周
		更换和清洁仪器设备中的过滤装置	每两周
		采样支管和仪器气路气密性检查	每半年
		干燥剂检查	每周
		零部件更换/检查/清洗	定期
	监测仪器校准	零点检查	每日/每周
		跨度检查	每日/每周
		流量检查	每月
		多点校准	每季度
		氮氧化物分析仪钼炉转化率检查	每半年

系统梳理日常运维及质控管理工作中所需记录的关键性信息，设计各类专业性的工单报表，分解任务指标，科学设置审批流转环节，从而实现对运维及质控操作的统一闭环管理及全过程留痕。

三、现场检查问题核查管理需求

现场检查工作是现场检查单位根据检查计划，定期对站点运行维护情况进行现场及远程检查，主要包含站房环境保障情况、采样系统维护效果、仪器设备日常维护效果、质控效果、通信系统维护效果、运维人员工作要求、档案记录、运维工作完成情况和异常情况处理等，并对检查情况进行现场评分。为保障现场检查的成效及现场评价的公平、公正，需设计现场检查问题核查管理功能，为检查人员提供在线分析相关报表，并提供检查内容、记录、现场照片上传功能，便于管理者通过检查人员回传的现场图像，以及检查工作时间、位置信息，实现对检查工作的全流程管理。

四、颗粒物手工比对管理需求

与常规气态污染物的自动监测有所不同，颗粒物自动监测不能通过标准物质的方式进行标准传递或校准。我国目前通过定期开展手工与自动监测比对，采用手工法监测数据结果对自动仪器设备的性能及准确性进行评价。

手工比对工作涉及对人员、仪器设备、滤膜、运输环节、数据审核以及数据结果的管理。为提高手工比对过程管理效能，保障手工比对数据质量，需科学设计工单报表，对手工比对工作中仪器设备调配及架设情况、采样情况、仪器设备状态、滤膜运输及称重情况、比对数据等内容进行管理，从而保障比对过程可控及可追溯。

五、停电管理需求

在国控城市站点开展自动监测工作的过程中，存在城市电力供应紧张、供电设施故障等不可控因素造成的计划性或临时断电情况。同时，在污染时段，可能会发生人为断电造成污染天数据无效的情况。因此，需对国控城市站点停电情况进行记录管理，提供停电信息痕迹记录、上传相关停电证明材料及统计分析功能。

六、远程质控管理需求

当极端天气或其他不可抗力造成现场运维受限时，需具备远程自动自检及质控功能，辅助人工开展质控工作。

第二节　设计思路

日常运维及质控模块的设计需从以下几点出发：

（1）工单报表规范化

根据运维及质控工作内容，设计规范化的工单报表并内嵌统计计算功能，便于运维工作人员快速填报，从而实现标准化管理。

（2）关键数据获取自动化

为减轻运维人员工作量，预防人为干扰行为，利用物联网技术，实现质控过程中采样流量、温度、斜率、截距等仪器设备重要参数及质控开始时间、结束时间自动获取，并与工单报表相关联。

（3）质控工作智能化

设置智能控制判断功能，实现国控城市站点远程智能化质控与监控。管理者通过系统可从平台端制定质控任务，远程进行零/跨检查、校准，精度检查，多点校准等质控工作。

（4）流程设计简洁化

设计专业化、简洁化的工单流转审批节点，提升运维问题的反馈效率及各部门和单位间协同管理能力。

第三节　关键技术及实现流程

一、关键技术

系统利用远程质控技术，实现对仪器设备的简单操作，包括对仪器设备进行远程自动检查校准、自动巡检等功能。对仪器设备的可执行任务（如数据采集、状态读取）以可编程脚本的方式记录，并由远程质控程序解释执行。

当需要执行某台仪器设备的某项任务时，从相关脚本中查找到该任务记录，然后按照任务记录中的命令和条件，对其进行操作控制。

例如，检查某个监测项目所使用的仪器设备的跨度，可编程为执行该监测项目“检查跨度”任务，并按照该“检查跨度”任务所设定的进程，使校准仪执行指定的任务（如输出 0.4 mg/L SO_2 标准气体），并维持设定时间，而后执行“待机方式”停止标准物输送，再等待指定的时间恢复实际样品供给，任务结束。这期间该监测项目的数据被赋予“检查跨度进行中”的标识。

目前系统使用的可执行任务记录包含以下内容：

①类型—默认填写字符 A，标识本条记录为可执行任务；

②任务—任务名称；

③脚本—监测项目脚本名；

④标准—与仪器设备通信的接口标准；

⑤端口—与仪器设备通信的计算机硬件；

⑥格式—与仪器设备通信的编码格式；

⑦波特率—与仪器设备串行通信时的速率；

⑧量程—监测数据的数值范围；

⑨项目—监测项目在本站点的名称；

⑩持续、校准值、恢复—填写标准物供给时间、标准物浓度、等待恢复到真实样品供给时间；

⑪命令—用脚本语言编写的命令系列；

⑫关联—执行任务时关联的监测项目脚本名（赋予等待标识）；

⑬库参数—执行任务时设定的各库参数变量的数值。

二、实现流程

通过构建子站端远程伺服控制器，接收来自平台端下发的远程控制指令包，根据传输协议对这些指令包进行解包、解密，并调用设备驱动及质控模块功能对这些指令进行验证、执行，最终向平台端返回执行结果。具体实现流程如图 7-1 所示。

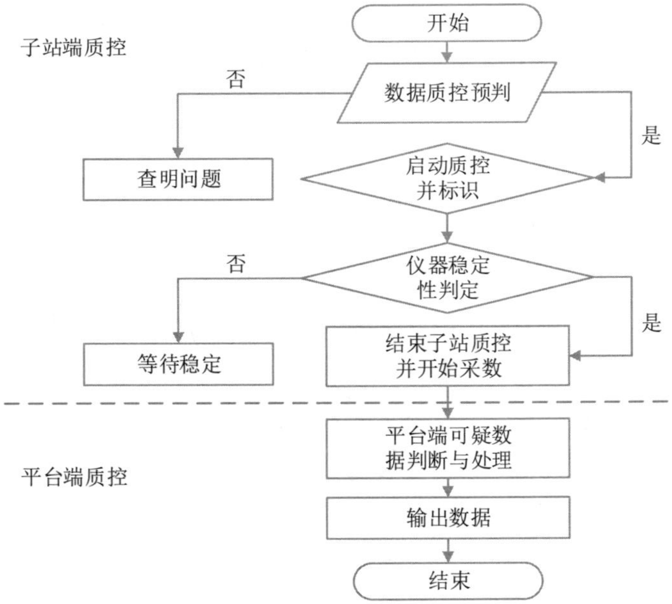

图 7-1　质控任务执行流程图

1. 质控任务接收

通过网络实时接收从平台端远程发送的质控指令，并把质控指令归入到质控计划管理中，进行集中统一管理。若子站端接收指令为即时执行任务，通过优先级判断后立即执行。否则由质控任务管理模块进行管理，待任务启动时间到达时自动执行。

2. 质控计划管理

通过质控计划管理界面，可便捷制订质控计划，自由定制安排任务流程。质控计划包括任务启动时间、定时执行周期、质控任务安排等具体指令相关内容。任务管理界面可显示出当前已制订的质控计划，并标识该计划当前状态（等待执行、执行中等）。

使用该方式可安排每天或每周对仪器设备进行零/跨检查、校准，每季度多点校准、精密度校准等周期性任务，并定期自动执行。质控任务可预先设定任务优先级，若安排执行任务之间有时间或流程上的冲突，可按照优先级顺序选择性执行任务计划。常规的质控任务见表 7-2。

表 7-2 质控任务列表

项目	氮氧化物	CO	SO_2	O_3
精度检查	NO、NO_x 检查精度，NO_2 检查精度	检查精度	检查精度	检查精度
跨度检查	NO、NO_x 检查跨度	检查跨度	检查跨度	检查跨度
校准跨度	NO、NO_x 校准跨度	校准跨度	校准跨度	
检查多点跨度	NO、NO_x 检查多点跨度	检查多点跨度	检查多点跨度	
检查零点	NO、NO_x 检查零点	检查零点	检查零点	检查零点
校准零点	NO、NO_x 校准零点	校准零点	校准零点	校准零点

3. 质控任务执行及上报

系统自动执行质控任务，详细采集记录质控过程的数据信息，并可自动套用用户定制的模板文件生成工作报表，向系统服务器报送。用户可预先设定好目标服务器地址，待质控报告生成后按照地址及时向平台端上报。具体流程如图 7-2 所示。

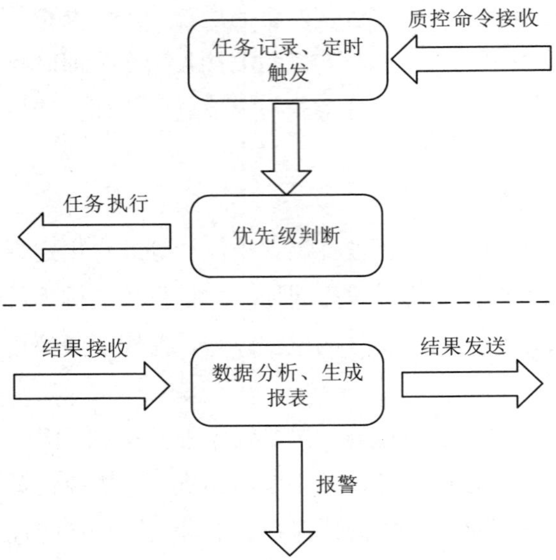

图 7-2　质控任务管理模块示意图

第四节　功能设计

一、计划管理

系统提供计划管理、计划审核、计划变更管理以及每周计划查看等功能。

1. 运维/现场检查计划管理

日常运维/现场检查计划管理是运维/现场检查负责人根据日常运维工作要求，在运维管理系统上提前制订日常运维计划，以规划管理日常运维工作内容。运维/现场检查人员可根据制订的计划有序开展工作。

系统通过列表形式显示运维/现场检查计划，计划内容包括单位名称、站点相关信息、运维检查项目信息以及任务完成情况等。用户可通过运维单位、城市等检索条件对运维/现场检查计划进行检索查询。

系统对站点任务制定情况进行统计，站点名称以不同颜色标记，方便用户直观查看站点运维/现场检查计划制订情况。已制定用绿色标识，未制定用橙色标识。

		11-02	11-05
周	颗粒物PM10自动监测分析仪运行状况检查记录	星期三	星期六
	站点巡检记录	星期三	星期六
	每周（次）巡检工作汇总表	星期三	星期六
	其他仪器、设备运行状况检查记录	星期三	星期六
	一氧化碳（CO）分析仪运行状况检查记录表	星期三	星期六
	视频巡检记录表	星期三	星期六
	二氧化硫（SO2）分析仪运行状况检查记录表	星期三	星期六
	氮氧化物（NOX）分析仪运行状况检查记录表	星期三	星期六
	臭氧（O3）分析仪运行状况检查记录表	星期三	星期六
	颗粒物PM2.5自动监测分析仪运行状况检查记录	星期三	星期六
季	气体分析仪（二氧化硫）多点校准记录表（每季度）	星期三	星期六
	气体分析仪（二氧化氮）多点校准记录表（每季度）	星期三	星期六
	气体分析仪（一氧化碳）多点校准记录表（每季度）	星期三	星期六
	（二氧化硫）仪器精密度审核记录表（每季度）	星期三	星期六
	（氮氧化物）仪器精密度审核记录表（每季度）	星期三	星期六
	（一氧化碳）仪器精密度审核记录表（每季度）	星期三	星期六
	（臭氧）仪器精密度审核记录表（每季度）	星期三	星期六

图 7-3　计划编辑界面

您当前的位置：运维管理 > 运维计划管理

2022-10-31 至 2022-11-06 站点统计：全部0 已制定0 未制定0 运维单位： 城市： 查询

序号	省	城市	站点	运维单位	周计划									
					站点巡检	SO_2检查	NOX检查	O_3检查	CO检查	PM_{10}检查	$PM_{2.5}$检查	其他检查	直管站巡检汇总	长光程分析仪检查
1	华东	上海	[redacted]	[redacted]	—	—	—	—	—	—	—	—	—	—
2	北京	北京市	[redacted]	[redacted]	11-01	11-01	11-01	11-01	11-01	11-01	11-01	11-01	11-01	—
3	北京	北京市	[redacted]	[redacted]	—	—	—	—	—	—	—	—	—	—
4	北京	北京市	[redacted]	[redacted]	10-31	10-31	10-31	10-31	10-31	10-31	10-31	10-31	10-31	—
5	北京	北京市	[redacted]	[redacted]	11-02	11-02	11-02	11-02	11-02	11-02	11-02	11-02	11-02	—
6	北京	北京市	[redacted]	[redacted]	11-02	11-02	11-02	11-02	11-02	11-02	11-02	11-02	11-02	—
7	北京	北京市	[redacted]	[redacted]	10-31	10-31	10-31	10-31	10-31	10-31	10-31	10-31	10-31	—
8	北京	北京市	[redacted]	[redacted]	11-02	11-02	11-02	11-02	11-02	11-02	11-02	11-02	11-02	—
9	北京	北京市	[redacted]	[redacted]	11-03	11-03	11-03	11-03	11-03	11-03	11-03	11-03	11-03	—
10	北京	北京市	[redacted]	[redacted]	11-03	11-03	11-03	11-03	11-03	11-03	11-03	11-03	11-03	—
11	北京	北京市	[redacted]	[redacted]	11-02	11-02	11-02	11-02	11-02	11-02	11-02	11-02	11-02	—
12	北京	北京市	[redacted]	[redacted]	11-03	11-03	11-03	11-03	11-03	11-03	11-03	11-03	11-03	—

图 7-4　计划管理界面

2. 日常运维/现场检查计划审核

日常运维/现场检查计划审核是总站对各单位已制定的日常运维/现场检查计划进行进一步审核的功能。报表信息内容主要包括各单位已制定计划数、未制定计划数、总站点数量、站点计划制定率、运维/现场检查计划上报时间、复核及审核时间。可通过时间进行过滤查询，以及批量审核。通过该功能，便于总站查看并管理各单位日常运维/现场检查计划制定情况。

3. 计划变更管理

若临时有突发情况，不能按计划安排时间开展运维/现场检查工作，需对计划进行变更。

运维/现场检查计划变更是运维/现场检查单位根据实际工作情况，变更已制订的工作计划并说明变更原因，提交总站进行审核。若计划变更影响到相关单位工作，可一并进行调整，提交总站审核。通过该功能，可增强各单位间的关联沟通，减少运维/现场检查单位变更工作计划对其他相关单位工作的影响。

日常运维/现场检查计划变更管理界面对计划变更工单进行汇总显示。总站管理人员可根据运维单位、站点、变更类型及变更时间等信息进行快速检索。

4. 计划总览

系统设计运维/现场检查计划总览功能（图 7-5）。管理人员可以直观查看各站点已制定周巡检、月巡检、季度巡检及半年巡检计划待分配、待处理及已完成的情况。

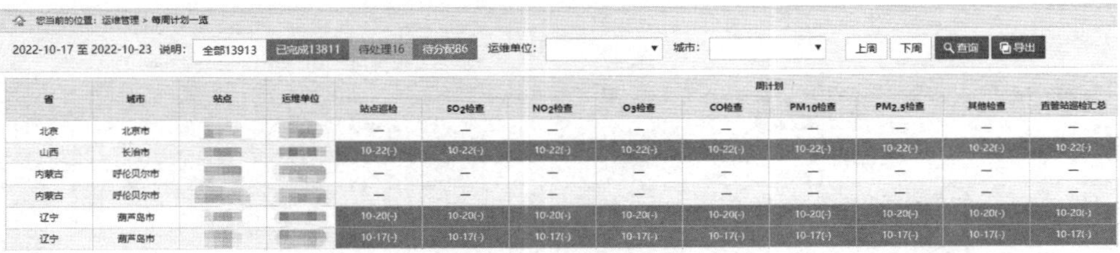

图 7-5　计划总览界面

二、运维痕迹管理

1. 巡检任务管理

运维单位按照计划对所运维站点开展周、月、季度、半年及年度运行维护工作。巡检任务管理主要是通过巡检工单的形式对运维巡检操作全过程进行记录。巡检任务管理界面通过列表的形式显示工单信息。用户可通过信息检索快速查询相应的工单内容（图 7-6）。

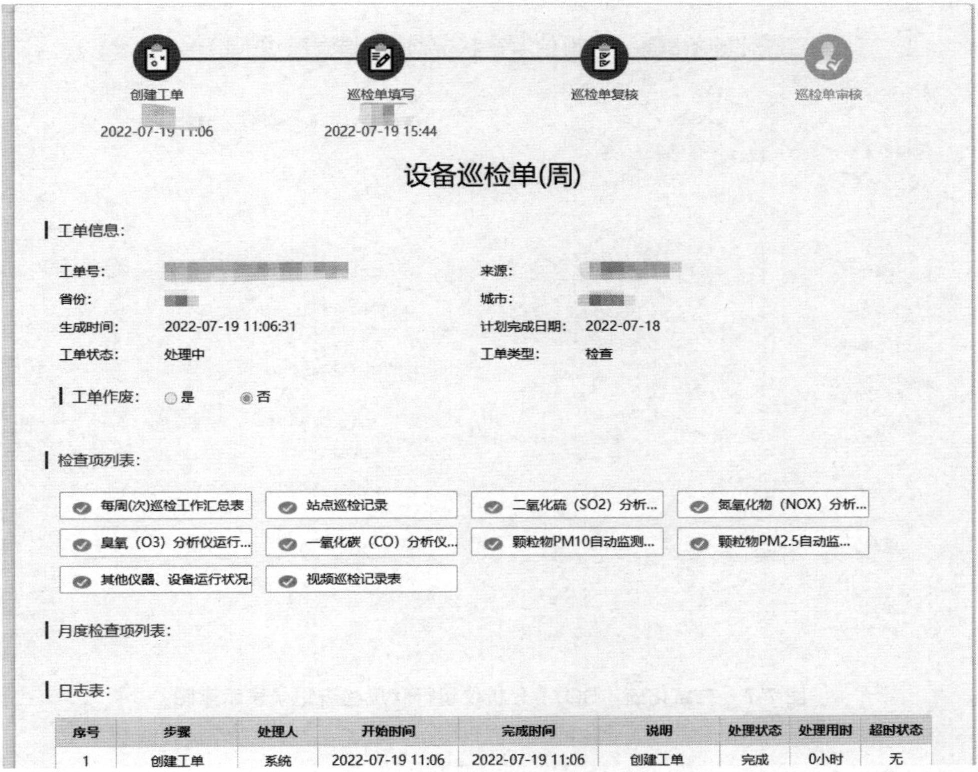

图 7-6　巡检工单示意图

巡检工单显示全部流转环节及当前状态信息、工单基本信息以及对应检查列表内容。系统依据运维及质控管理需求，科学设计各检查列表记录内容，记录人员、仪器设备、站点等各方面信息。对于重要信息，现场人员须根据填报要求上传照片及视频资料，以便于管理者对现场情况进行验证管理。

管理者可查看具体检查列表内容，其中质控过程中仪器设备参数直接由数据采集及传输模块获取并上传，从而避免人为干扰行为。

2. 异常情况管理

（1）数据手工补录

系统设计数据手工补录功能，当因网络故障、数采工控机故障等传输问题导致站点数据未能正常上传至系统时，运维单位可通过建立补录工单，从仪器设备中导出缺失时段数据上传至系统，总站对工单补录数据进行审核，审核通过后的数据方可入库。

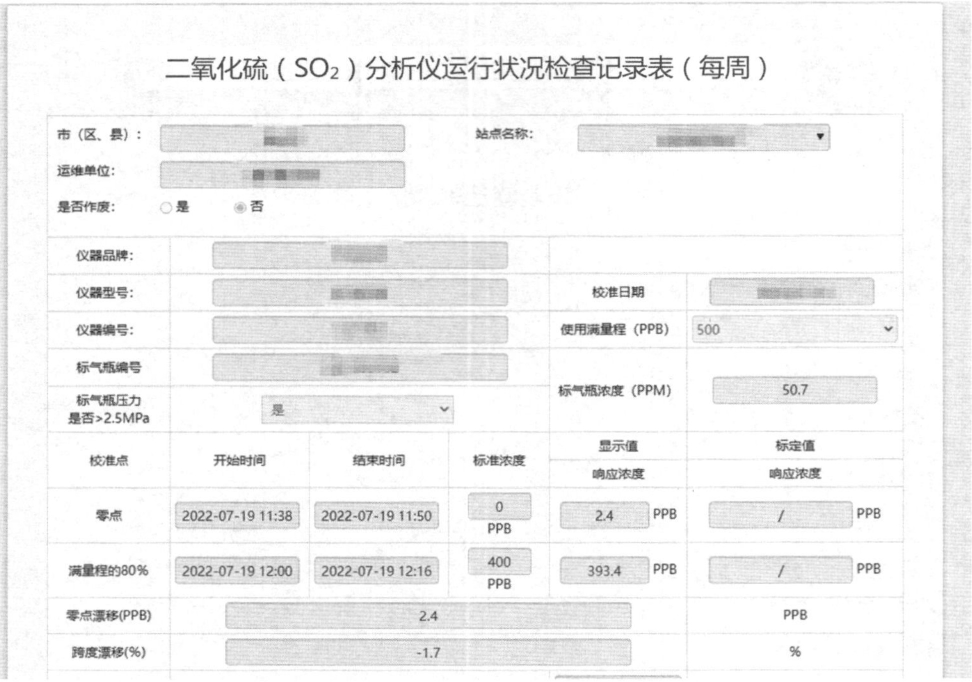

二氧化硫（SO_2）分析仪运行状况检查记录表（每周）

市（区、县）：　　站点名称：

运维单位：

是否作废：○是 ◉否

仪器品牌:			
仪器型号:		校准日期	
仪器编号:		使用满量程（PPB）	500
标气瓶编号		标气瓶浓度（PPM）	50.7
标气瓶压力是否>2.5MPa	是		

校准点	开始时间	结束时间	标准浓度	显示值 响应浓度	标定值 响应浓度
零点	2022-07-19 11:38	2022-07-19 11:50	0 PPB	2.4 PPB	/ PPB
满量程的80%	2022-07-19 12:00	2022-07-19 12:16	400 PPB	393.4 PPB	/ PPB
零点漂移(PPB)	2.4				PPB
跨度漂移(%)	-1.7				%

图 7-7　二氧化硫（SO_2）分析仪运行状况检查记录表示意图

（2）远程软件管理

在日常运维及质控管理过程中，有时会出现数采模块设置错误或故障等问题，需要安装远程软件，由技术支持人员远程协助解决。系统设计远程软件审批管理功能，防止站点随意安装远程软件，保障站点信息安全。

（3）异常情况录入

在实际工作中，由于存在特殊事件（如施工、扬尘），会对国控城市站点监测数据产生影响。针对该问题，系统设计异常情况录入功能，便于现场人员对于异常情况进行说明，同时上传图片证明材料。

三、现场检查管理

系统具备现场检查任务管理、现场检查问题核查、运维工作整改管理功能。

1．现场检查任务管理

现场检查任务管理是通过工单的形式对现场检查工作进行痕迹化管理。

系统为现场检查人员提供标准化的现场检查记录打分表。打分项包括站房环境、采样系统状态、仪器设备状态、质控情况、通信系统情况、运维人员评价、运维记录、运维工作完成情况、进站管理情况、异常问题处理等 10 个方面的评价考核，并需上传检查相关信息。

工单流转设计了运维人员核对环节，便于运维人员对现场检查中有争议的问题及时反馈，形成双向监督机制。

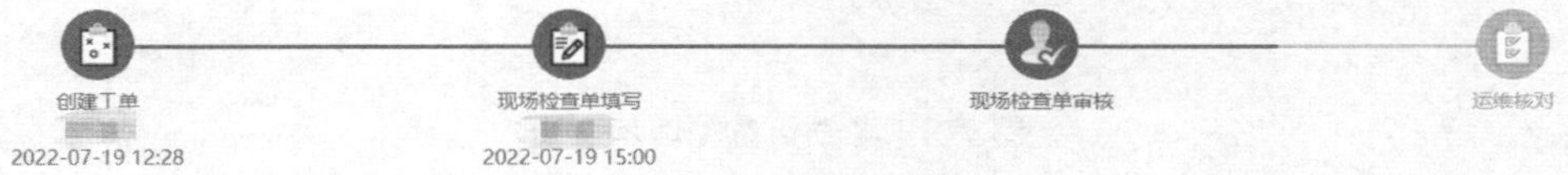

图 7-8　现场检查计划外任务管理界面

2. 现场检查问题核查管理

系统为管理人员提供现场检查问题核查功能，对现场检查人员提供的检查报表、检查问题、位置信息及现场照片等内容进行逐一核查。

3. 运维工作整改管理

针对现场检查中存在的问题，需定期汇总并通知运维单位整改。因此，系统设计运维工作整改管理功能。运维单位须通过系统对现场检查发现的问题，上报原因及整改结果，并上传证明材料。

四、运维保障管理

系统具备考勤信息管理、车辆管理、备品备件管理等功能，便于管理者多维度监管运维/现场检查工作情况，并根据城市区域内资源及人员情况，实现运维/现场检查工作的调度及资源分配。

1. 考勤信息管理

通过考勤信息管理（图 7-9），可对运维人员到站房开展运维检查工作时，利用手机 App 进行 GPS 定位签到和签退的过程进行管理。运维人员通过手机 App，根据 GPS 定位自动获取国控城市站点位置信息进行签到/签退，拍摄站房周边照片，并将考勤相关信息上传至系统。运维人员考勤信息与运维工单及站房安防信息相关联，从而形成完整进、出站房的痕迹化管理。

系统通过列表显示运维人员考勤信息，主要包括站点基础信息，签到用户和签到地址，签到、签退时间与地理位置等。管理人员通过查验相关信息，实现对运维人员考勤的管理。

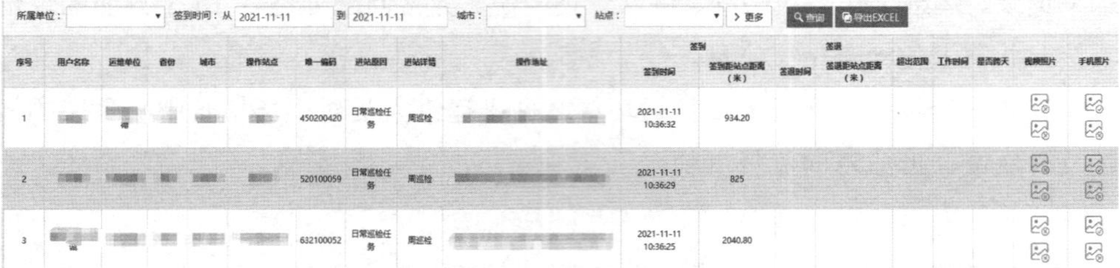

图 7-9　考勤信息管理示意图

2. 车辆管理

运维人员需使用单位统一配置车辆时，可通过系统填写用车申请表。审核人员可通过系统，了解单位车辆使用情况，并对申请人进行车辆分配。运维人员使用完成后通过系统进行车辆归还，审核人员可通过系统及时更新车辆使用信息，系统自动生成车辆使用报告。

系统使用列表显示全部车辆信息，可通过运维单位、车辆品牌和车辆类型进行搜索过滤（图 7-10）。

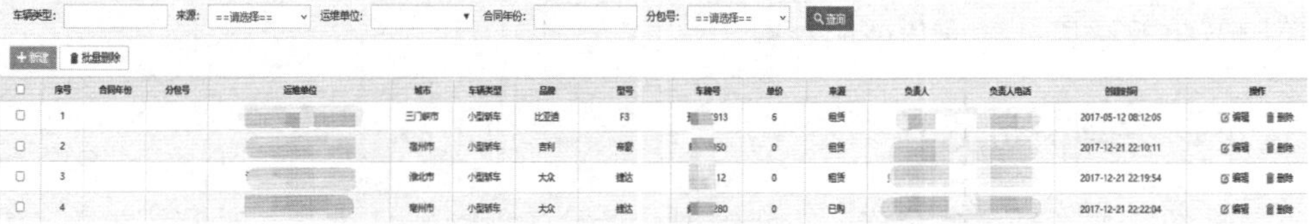

图 7-10　车辆使用信息汇总示意图

3. 备品备件管理

系统具备备品备件管理功能。备品备件入库、运维人员申领、管理人员审核分配等信息均通过报表的形式在系统中进行记录。

系统通过列表形式显示备品备件库内各备品备件所在省份、市、保管人、数量等信息。管理人员可通过检索条件快速查询相关区域备品备件使用情况及库存情况，从而掌握备品备件地区分布情况并进行调配。对于备品备件缺乏的城市区域，及时进行补充，从而更好地支持运维工作的开展。

五、手工比对管理

为保障手工比对结果的准确性，设计手工比对管理功能，基于国家环境空气质量监测网运维管理体系，精细化设计从工单创建、运维单位反馈、仪器设备派遣、现场接收与调试、采样、运输、称量、仪器设备状态、数据审核等各关键环节痕迹信息记录功能，有效防止因手工比对单位以及工作人员操作不当或故意而为而造成颗粒物手工比对结果失真。

1. 手工比对设备信息管理

（1）手工比对设备管理

系统通过建立手工比对设备信息库，实现对手工比对设备的管理（图7-11）。用户可对手工比对设备基本信息、故障记录及历史使用情况进行查询。手工比对单位管理人员，可通过系统对手工比对设备进行派遣操作。通过该功能，便于用户掌握区域手工比对设备情况，根据比对工作需求对手工比对设备进行调度。

（2）手工比对设备监控

系统设计手工比对设备实时监控报警功能，通过物联网技术，实时监控手工比对过程中比对采样设备运行状态，并对仪器设备参数进行记录。当仪器设备出现异常情况时，系统会生成报警记录，提示现场人员对仪器设备进行调试、维修或更换备机。

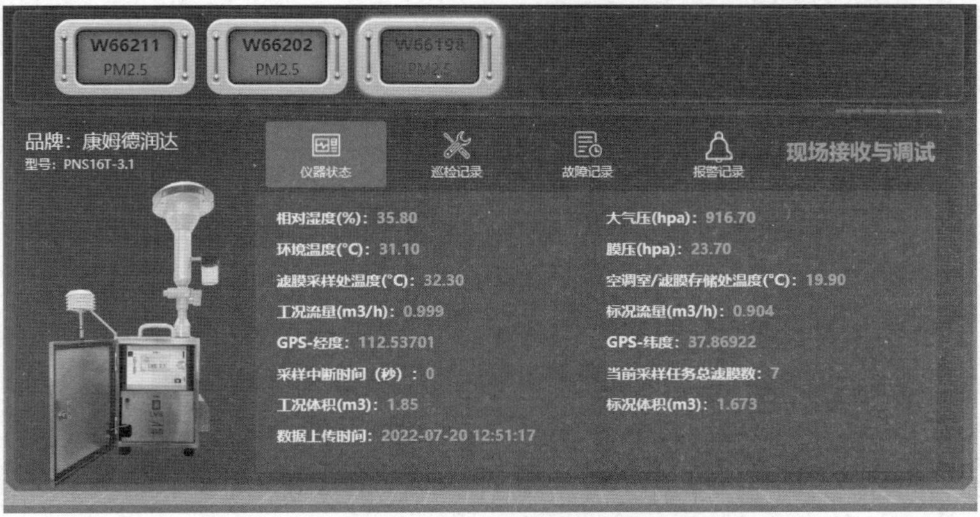

图7-11 手工比对设备实时监控示意图

（3）采样滤膜管理

滤膜称重结果直接影响手工比对结果的可靠性。系统通过物联网技术实现对采样前后滤膜称重记录，同时记录称量时间、温度、湿度以及空白滤膜数据，从而便于管理者对手工比对过程中滤膜使用情况进行掌握及管理（图 7-12）。滤膜称重数据采集上传后，关联工单中滤膜称重相关信息数据，系统自动计算比对结果。

滤膜材质	滤膜尺寸	采样前滤膜第一次平衡开始时间	采样前滤膜第一次平衡结束时间	采样前滤膜第一次平衡温度℃	采样前滤膜第一次平衡湿度%RH	采样前滤膜第二次平衡开始时间	采样前滤膜第二次平衡结束时间	采样前滤膜第二次平衡温度℃	采样前滤膜第二次平衡湿度%RH	采样后滤膜第一次平衡开始时间	采样后滤膜第一次平衡结束时间	采样后滤膜第一次平衡温度℃	采样后滤膜第一次平衡湿度%RH	采样后滤膜第二次平衡开始时间	采样后滤膜第二次平衡结束时间	采样后滤膜第二次平衡温度℃	采样后滤膜第二次平衡湿度%RH	第一次空白称重时间	第一次空白称重数据(mg)	第一次空白称重温度℃	第一次空白称重湿度%RH	第二次空白称重时间	第二次空白称重数据(mg)	第二次空白称重温度℃	第二次空白称重湿度%RH	第三次空白称重时间	第三次空白称重数据(mg
特氟龙滤膜	47mm	2022-04-25 16:57:54	2022-04-27 00:14:13	19.7	50.45	2022-04-27 00:14:13	2022-04-27 06:12:18	19.50	50.15	2022-07-19 19:29:00	2022-07-20 19:56:55	19.8	49.65	2022-07-20 19:56:55	2022-07-21 01:17:28	19.75	48.95	2022-04-26 21:07:15	163.608	19.60	48.30	2022-04-27 04:02:54	163.608	19.50	50.10	-	-
特氟龙滤膜	47mm	2022-05-05 17:08:42	2022-05-06 22:54:09	19.6	47.45	2022-05-06 22:54:09	2022-05-07 03:11:47	19.60	48.50	2022-07-19 19:29:00	2022-07-20 19:56:55	19.8	49.65	2022-07-20 19:56:55	2022-07-21 01:17:28	19.75	48.95	2022-05-06 17:51:20	121.476	19.60	49.70	2022-05-06 23:09:50	121.475	19.50	48.50	-	-
特氟龙滤膜	47mm	2022-05-05 17:08:42	2022-05-06 22:54:09	19.6	47.45	2022-05-06 22:54:09	2022-05-07 03:11:47	19.60	48.50	2022-07-19 19:29:00	2022-07-20 19:56:55	19.8	49.65	2022-07-20 19:56:55	2022-07-21 01:17:28	19.75	48.95	2022-05-06 19:21:02	122.687	19.60	48.00	2022-05-07 00:39:47	122.689	19.60	48.90	-	-
特氟龙滤膜	47mm	2022-06-14 16:37:09	2022-06-16 10:24:58	19.8	49.05	2022-06-16 10:24:58	2022-06-16 13:24:05	19.80	49.55	2022-07-19 19:29:00	2022-07-20 19:56:55	19.8	49.65	2022-07-20 19:56:55	2022-07-21 01:17:28	19.75	48.95	2022-06-16 08:42:45	167.672	19.70	49.40	2022-06-16 12:42:25	167.676	19.80	49.20	-	-

图 7-12　手工比对滤膜管理示意图

2. 手工比对工单管理

系统设计手工比对工单管理功能，综合利用物联网技术自动获取及手工线上填报相结合的方式，通过工单填报及审核的形式，实现工单创建、运维单位反馈、仪器设备派遣、现场接收与调试、采样等环节的管理（图 7-13）。通过一系列子工单实现手工比对采样、运输、称重、补录、巡检和故障处理全过程留痕。

图 7-13　手工比对工单环节示意图

3. 手工比对数据汇总管理

系统自动对手工比对结果数据进行汇总计算，提供相对湿度折线图、数据审核折线图、线性回归图等辅助审核工具（图 7-14），便于相关人员对手工比对结果数据进行分析管理。

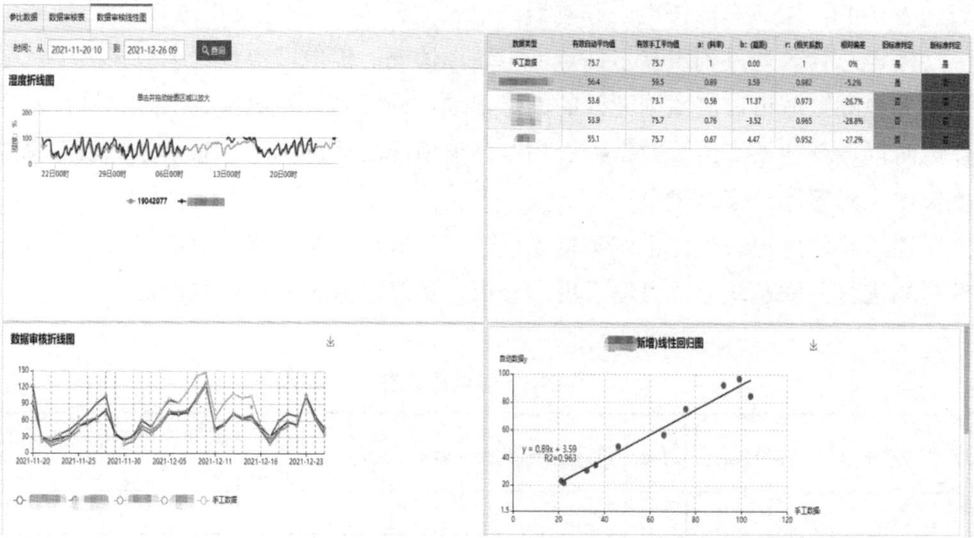

图 7-14 手工比对数据汇总图表分析示意图

六、停电管理

系统具备停电工单管理及停电统计功能，对国控城市站点停电情况进行记录留痕，并关联监测数据缺失情况、同城其他站点监测数据质量情况、停电频次等进行统计分析。既可以解决站房真实停电情况下，运维单位绩效考核的公平性问题，又可以及时发现涉嫌人为干扰的情况。

1. 停电工单管理

系统设计停电工单管理功能，对国控城市站点停电情况进行记录管理，包括计划性停电和突发性停电。计划性停电时，站点运维人员手工创建停电工单进行停电申请。突发性停电时，系统可监控到监测数据缺失，自动产生报警工单并派发给运维人员。运维人员对产生的停电报警记录进行处理，并通过系统上传相应停电证明材料，提交至总站进行审核。

停电工单管理通过列表显示系统监控报警或手工创建的临时停电记录。管理人员可在停电记录管理中通过运维单位、站点、状态、证明来源等检索条件对停电工单进行检索，在详细页面可查看停电证明详细信息。

2. 停电统计

系统对停电工单进行统计，分别从停电总计表（表 7-3）、停电城市数据无效表（表 7-4）、同城高值停电表和频繁停电表（表 7-5）四个维度进行统计。

停电总计表通过列表显示站点停电总体情况；停电城市数据无效报表汇总了由于停电导致城市监测数据无效的信息记录；同城高值停电报表汇总了城市站点停电时同城其他站点监测数据处于相对高值情况的信息记录；频繁停电表汇总了城市站点频繁停电信息记录。

通过将停电记录与停电时数据无效情况、同城监测数据高值情况及停电频次等信息进行关联及统计，可便于用户分析可疑停电情况并及时进行处理。

表 7-3 停电总计表

序号	运维单位	省份	城市	站点	停电工单数量	累计天数	累计有效停电天数	累计停电小时数	停电致无效天数

表 7-4 停电城市数据无效表

序号	省份	城市	停电城市数据无效日期	站点	停电时间	来电时间	停电时长	停电城市数据无效当天空气质量级别

表 7-5 频繁停电统计表

<table>
<tr><th rowspan="2">序号</th><th rowspan="2">省份</th><th rowspan="2">城市</th><th rowspan="2">站点</th><th rowspan="2">频繁停电次数</th><th rowspan="2">停电时间</th><th rowspan="2">来电时间</th><th rowspan="2">停电时长</th><th colspan="2">停电当天城市“空气质量级别”</th></tr>
<tr><th>审定前</th><th>审定后</th></tr>
<tr><td></td><td></td><td></td><td></td><td></td><td></td><td></td><td></td><td></td><td></td></tr>
</table>

七、远程在线巡检及质控

系统设计远程在线巡检（图 7-15）及质控功能，支持对国控城市站点的仪器设备质量控制工作进行任务集中式管理，以实现质控工作的流程化和自动化，解决运维受限情况下国控城市站点的运维及质控问题。

图 7-15　远程在线巡检示意图

用户可通过系统远程对仪器执行零/跨检查、校准，精度检查、多点校准等质控工作（图 7-16）。远程质控指令下达后，系统提供对站点自动执行质控的合格次数、执行达标率、数据获取率等结果的评价功能，形成远程在线质控评价表（图 7-17）。

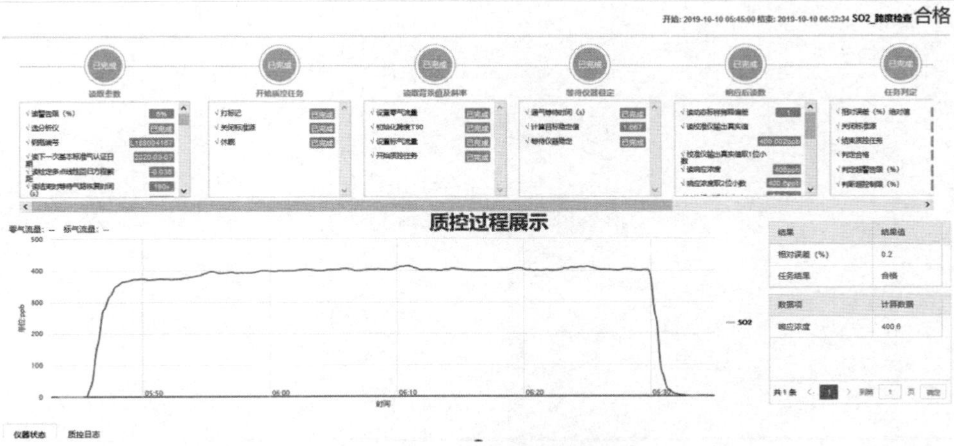

图 7-16　质控过程展示示意图

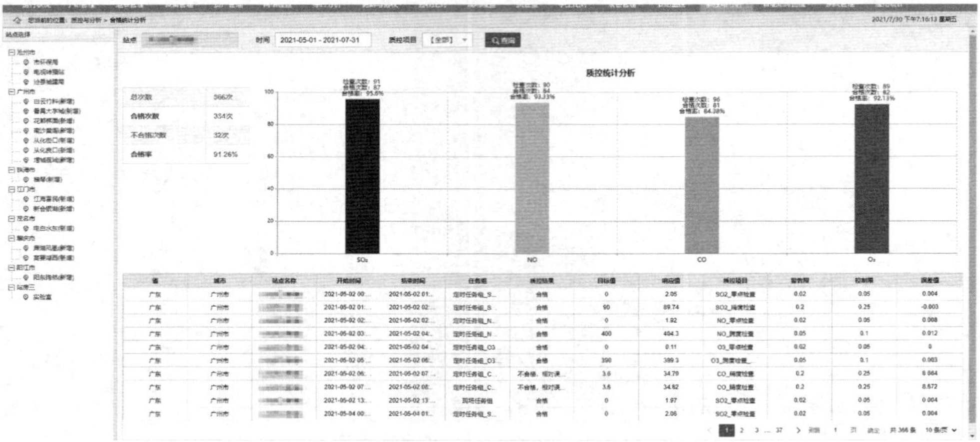

图 7-17　质控合格率分析示意图

第八章 绩效及成效分析设计与实现

第一节 需求分析

明确、量化整个监测网络的运行目标，按照运维单位实际工作完成情况定期进行绩效考核管理，并支付运维服务费用是运维管理工作非常重要的一项内容。考核的内容包括运维单位对有关规定的执行情况、自动监测系统的运行情况、运维工作完成情况、质量管理实施情况、数据获取率与质控合格率等。此外，定期回顾分析过去一段时间内监测网络管理成效，总结分析管理中的问题，对国家环境空气质量监测网运维管理体系进行相应调整，可促使国控城市站点运维管理工作成本、服务质量不断优化。因此，在国控城市站点运维管理工作中，科学开展绩效管理及成效分析工作不可或缺。而在传统绩效考核及成效分析工作中，数据信息往往是专为考核而收集的，数据信息种类多、数量庞大，有效数据信息难以深度挖掘，考核分析很难保证公平、公正，考核争议问题追溯困难。同时，由于数据收集成本高且具有时间滞后性，绩效考核及成效分析周期往往较长，难以充分发挥管理作用。

因此，十分有必要运用大数据分析技术实现监测数据、质控数据、仪器设备参数及状态信息、运维及现场检查信息数据等多源数据深度融合、互联互通，搭建绩效考核及成效分析模块。整合运维任务的完成情况、运维质量、数据质量、仪器设备维护质量等各类信息，自动进行多层级、多维度的综合管理与分析，从而节省大量人力、物力、财力，提高考核的精准度和效率，为国控城市站点运维管理体系不断优化完善提供科学决策依据。

一、绩效考核需求

目前，国控城市站点运维及质控工作绩效考核内容及标准如下：

对运维单位绩效每月考核一次。考核采取百分制、单站点考核的方式，主要包括单站点数据有效性，监测数据获取率、数据质控合格率（以下简称“两率”）以及运行维护的内容。

数据获取率指考核时段内各监测项目实际获取的小时值监测数据量总和除以应获得小时值数据量总和。

数据质控合格率指考核时段内各监测项目实际获取的质控合格的小时值监测数据量总和除以应获得小时值数据量总和。

每日各项目应获得小时值数据量均按 24 个计，考核时段天数按考核时段内日历天数计。计算应获得小时值数据量时，应扣除因不可抗力造成的停止监测的小时数。

（1）数据有效性

考核时段内单站点任一监测项目有效数据量应满足《环境空气质量标准》（GB 3095—2012）中规定的污染物浓度数据有效性的最低要求，否则考核总分为 0 分。

单站点设备数据获取率必须高于 90%（含），否则考核总分以 0 分计。单站点设备数据质控合格率必须高于 80%，否则考核总分以 0 分计。

（2）“两率”及运行维护

符合数据有效性要求后，参照以下内容核算考核总分。

①“两率”部分（70 分）

单站点监测数据质控合格率高于 90%（含）的，得 70 分；80%（含）～90%的，得分为 70×（数据质控合格率/90%）。

②运行维护部分（30 分）

运行维护部分考核内容包括日常运维任务完成情况、异常情况处理情况、站房环境保障效果、采样系统维护效果、仪器日常维护效果、质量控制效果、通信系统维护效果（数据上传发布情况）、人员与档案记录管理情况等。检查满分 100 分，考核时运维得分=检查分×0.3。

③考核总分（100 分）

考核总分=“两率”得分+运维得分

（3）运维费核算方法

考核总分低于 80 分的，不予支付该站点当期运维费；绩效考核总分 95（含）分以上的，支付该站点当期全额运维费；绩效考核总分在 80（含）～95 分的，该站点当期运维费=（实际考核总分/100）×单站点当期全额运维费。

系统设计时，需根据绩效考核办法，自动统计数据有效性，监测“两率”以及运行维护相关信息，并结合现场检查结果对运维单位进行绩效考核评分。此外，计算站点监测数据“两率”时，需综合考虑因不可抗力因素导致站点缺数的情况。

为便于管理者对合同及服务费用进行管理，系统需设计合同管理功能，根据绩效结果自动核算运维单位服务费用。

二、成效分析需求

利用物联网、大数据、数据库交互、云计算等先进技术，快速集成运维工作各环节数据，科学设计综合分析评价指标，对运维管理工作成效从站点、仪器设备、运维质量、数据质量情况进行多维度统计分析，实现了国控城市站点运维信息高度集成、运维数据互联互通，并为管理者提供各类图表分析工具，便于管理者深度挖掘数据信息，及时侦查发现运维工作中的隐蔽性问题，提高环境空气监测运维管理工作水平。

第二节 实现流程

一、绩效考核流程

系统内嵌绩效考核标准，站点运维人员将运维质控、仪器日常维护等信息记录上报运维管理系统，系统结合数据获取率、数据质控合格率、数据有效天数以及运行维护工作完成情况，对运维单位进行绩效考核评分，同时现场检查单位通过系统对运维单位进行考核评分，最终系统综合利用大数据技术，过滤提取考核指标数据信息，实现对运维绩效总分的统计。系统依据站点考核结果及委托合同信息，统计运维扣款及服务费用。具体实现流程如图 8-1 所示。

系统分析运维站点初核得分：

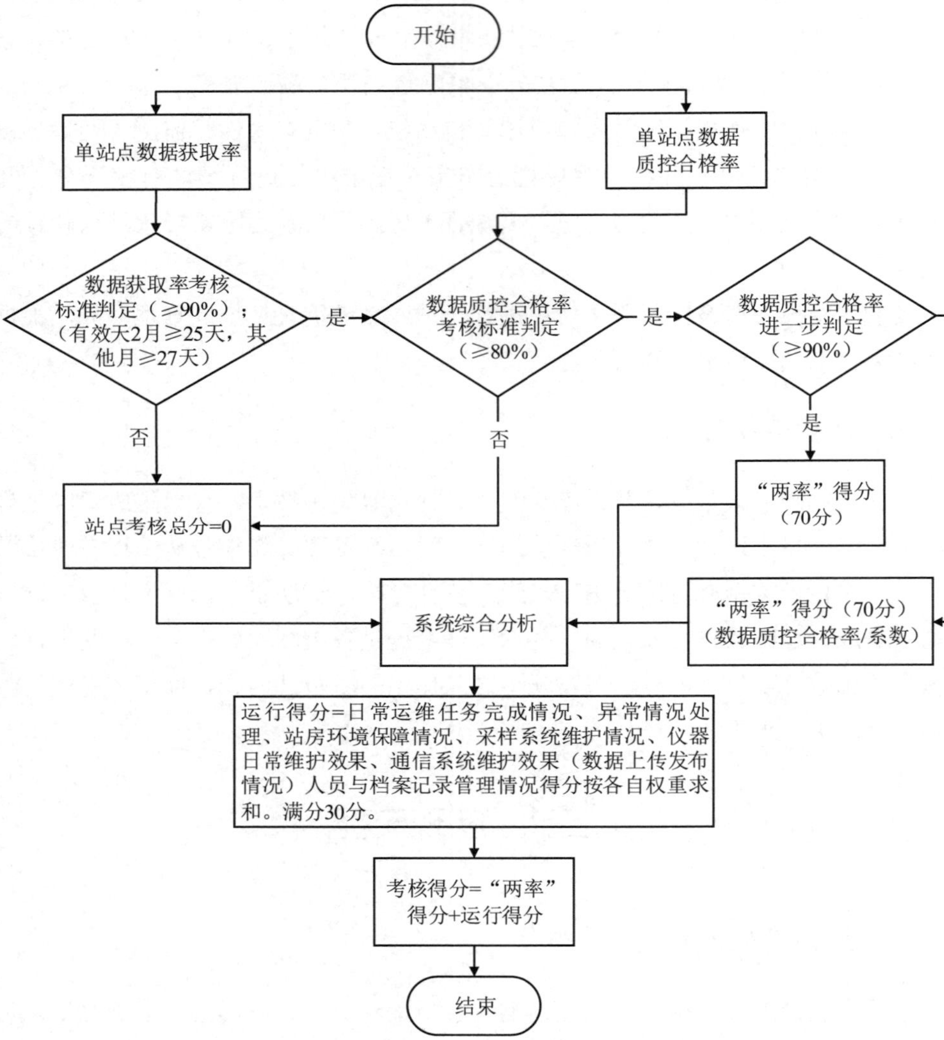

图 8-1　运维单位绩效考核实现流程图

二、成效分析流程

系统利用物联网自动获取及人工填报记录信息等基础数据，结合大数据技术，从数据质量、运维工作、检查工作、数据复核工作、网络运行、仪器设备使用等方面进行时间维度、空间维度横纵向比对分析，并生成各类成效分析报表。具体实现流程如图 8-2 所示。

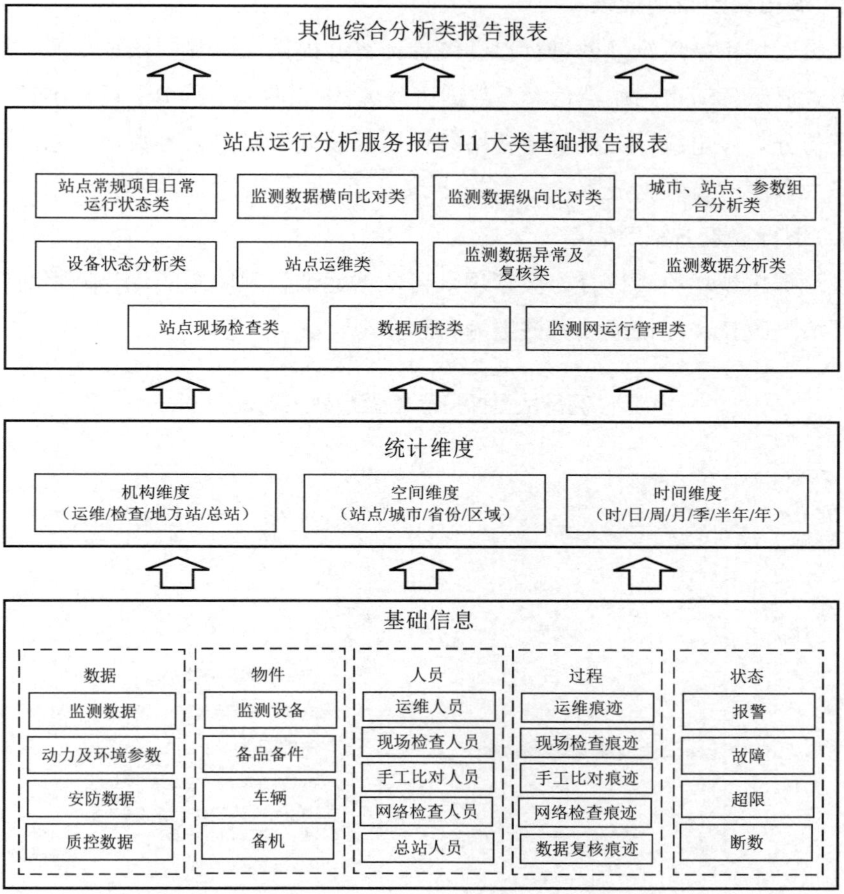

图 8-2　各类成效分析综合报表实现流程

第三节　功能设计

一、运维绩效管理

1. 合同管理

运维项目合同是执行运维绩效考核的重要依据。系统提供合同管理功能实现对项目合同基础信息的管理，如年份、运维单位、合同名称、合同编号、站点数量、合同总额、每季度金额、每月金额等。

2. 城市站运维绩效表

系统对城市站运维绩效进行自动统计计算并提供支付费用核算功能，通过列表的形式显示各城市站站点信息、数据有效天数、“两率”得分、运行维护部分现场检查得分、停电统计、检查不合格统计以及绩效考核结果等数据信息。该功能可以极大程度节省人力成本。

3. 例行检查方案定制表

系统提供现场检查评分方案管理，可依据运维管理体系的优化调整对评分方案进行增删改查，促使绩效考核更为科学合理。

例行检查评分表检查方案定制表

制定人员: 超级管理员　　制定时间: 2018-10-28 18:05:58

方案套数: 第X套方案　　方案类型: 默认

方案描述:

检查项	检查要点	单项分值	评分说明	小项分值	扣除天数
01站房环境保障情况	站房环境是否清洁，是否符合监测要求	1	站房环境脏，有明显灰尘;	0	0
			站房物品摆放不整齐;	0	0
			有明显异味;	0	0
			仪器电源线路、气体线路不规整;	0	0
			站房有跟本监测站无关的设备及杂物，例如废旧钢瓶气等。	0	0
	站房温度是否控制在25±5℃，相对湿度控制在80%以下	2	站房未配有温湿度计;	0	0
			观测到站房内温湿度不满足要求，站房温度过高、过低（超过±15℃）;	0	0
			站房温度过高、过低（超过25±10℃），或湿度超过80%。（以现场检查单位经检定的温湿度计为准）;	0	0
			防水：站房有漏水;	0	0
			无电源防雷、网络防雷、避雷针接地;	0	0
			无防雷验收报告;	0	0

图 8-3　例行评分方案示意图

二、成效分析管理

1. 仪器设备综合分析

对国控城市站点在用仪器设备的分布区域、品牌、型号、原备机占比及库存情况进行综合分析，并做可视化展示，有助于相关管理人员直观了解当前站点仪器设备使用情况。同时，系统提供站点更换仪器设备前、后的数据分析及报告导出功能，在线数据分析及成果展示功能，可有效缓解数据分析人员的工作压力，提高日常工作效率。

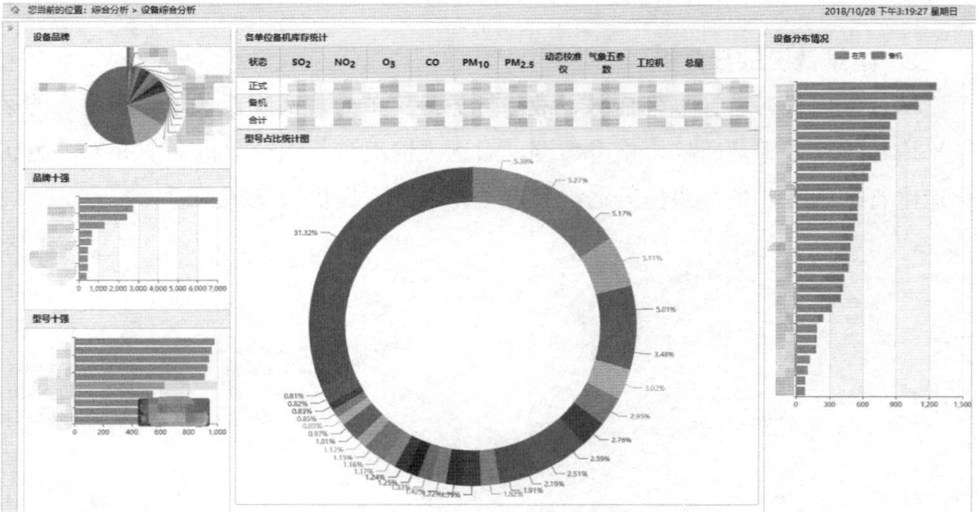

图 8-4 仪器设备信息综合分析情况示意图

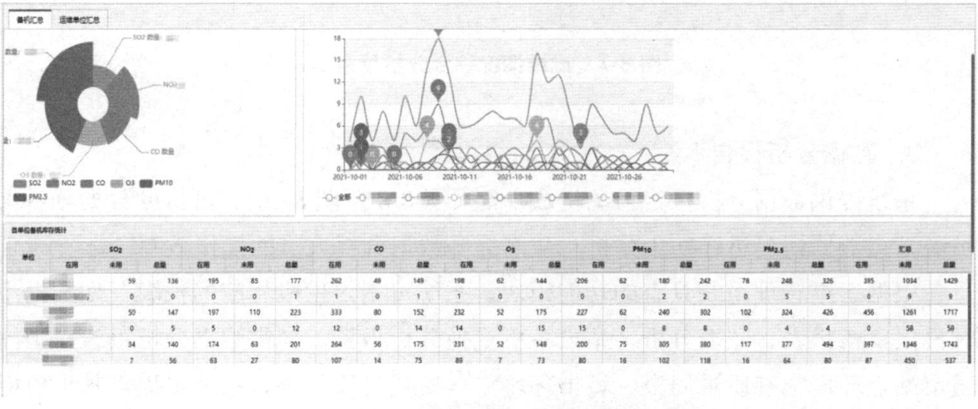

图 8-5 备机信息汇总分析示意图

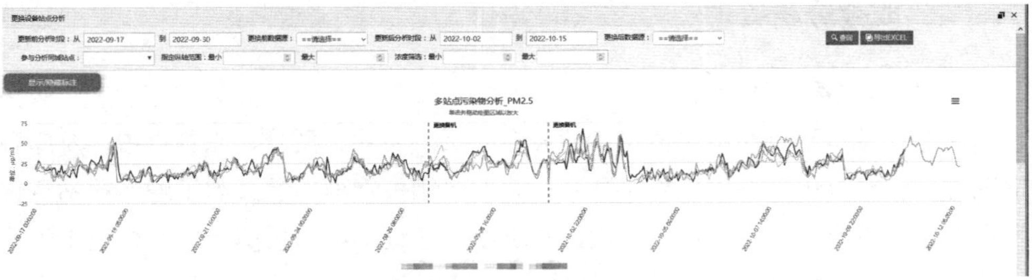

图 8-6 更换仪器设备站点数据分析示意图

2. 运维情况综合分析

从计划内任务、计划外任务、故障任务等工单处理情况及各单位所负责的区域平均数据获取率及质控合格率角度，对运维情况进行综合分析（图 8-7）。为优化运维管理制度，进一步提升运维管理工作水平，提供决策依据。

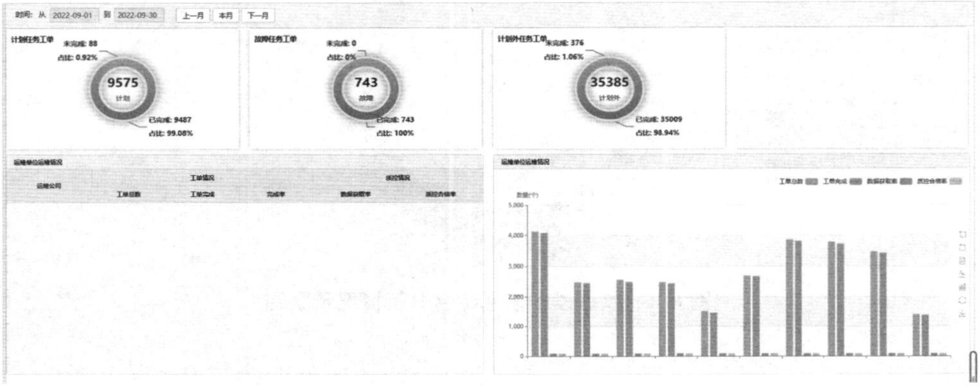

图 8-7 运维情况综合分析示意图

3. 数据分析报告

系统提供数据分析报告自动生成功能（图 8-8 至图 8-10），可协助数据分析人员对站点数据情况进行初步分析，从而提升数据分析人员的工作效率。

根据运维管理系统具有的功能模块，系统可指定生成相应的报表，如数据小时日报审核报表、图表分析（站点备机更换分析报告、异常数据分析报告、国控城市站点环境空气质量周报、城市环境空气质量月报）等。系统可提供基于模板的报表版式，同时用户亦可根据实际需求，定制自身所需的报表模板，系统则根据用户指定的模板进行报表填充和生成，得出符合具体工作要求格式的业务报表，以满足不同时期业务对报表格式的不同要求。

城市异常数据分析-站点分析周报

XXXX 年 XX 月第 X 期（XX 月 XX 日-XX 月 XX 日）

总第 XX 期

本周通过对 XX 月 XX 日-XX 月 XX 日京津冀及周边地区、汾渭平原、长三角地区、成渝地区、长江中游城市群、粤港澳大湾区，6 类重点区域中的 124 个重点城市及新区，共计 XX 个站点的监测数据进行分析。

一、本期分析结果

初步判断共有 XX 个城市中 XX 个站点的 $PM_{2.5}$、PM_{10}、O_3-8h、CO、NO_2、SO_2 项目出现 XX 次异常。其中，复核确认异常的共 X 个站点，需月底上会讨论；另有 XX 个站点需进一步派单检查核实。**各站点情况详见下表。**

二、上期反馈结果

XX 月份站点分析周报中，没有需要派单核实的站点。

表　2022 年 10 月 1 日-16 日站点数据分析情况

序号	省份	城市	站点名称	监测项目	需要核实的日期	分析问题	复核反馈	分析结论	分析人	复核人
1	XX	XX	XX	PM_{10}	XX 月 XX 日至今	该站点 PM_{10} 数据自 XX 月 XX 日由备机更换回原机之后数据长期偏低，自 XX 月 XX 日偏低更加明显，XX 月份较同城均值偏差为 XX%和-XX%。对比该站点 $PM_{2.5}$ 数据未见明显偏低，且 XX 月 XX 日更换为 METONE 备机后数据在同城处于高位。该站点 $PM_{2.5}$ 数据较高，PM_{10} 数据长期偏低，且两颗粒物经常倒挂，故建议检查 PM_{10} 设备。	已派整改单进行比对。	存疑，派单检查	XX	XX

图 8-8　国控城市站点周报示意图

2021年1—8月全国及2021年8月与7月重点区域城市综合指数排名、$PM_{2.5}$和O_3浓度改善较大城市数据质量评估分析报告

一、分析背景

对全国339城市综合指数排名后50且同比排名改善较大的城市以及重点区域中环比排名改善较大的城市进行分析，通过分析目标城市和周边城市常规六项指标SO_2、NO_2、CO、O_3、PM_{10}、$PM_{2.5}$的改善情况，以及目标城市内部各站点之间数据变化情况，结合当地相关空气治理措施及政策，判断数据是否存在异常，找出空气质量改善的真正原因，保障监测数据真、准、全。

除了城市综合指数改善较大的情况需要分析原因外，对于作为考核指标的$PM_{2.5}$和O_3也需要着重关注。

二、分析方法

1. 确定目标城市

综合指数改善较大目标城市的确认方法：

1）找出2022年1—8月全国综合指数排名后50且与2021年同期相比排名改善且排名变幅超过5的城市；

2）找出2022年1—8月全国综合指数排名变幅在90及以上的城市；

3）找出全国综合指数2021年1—8月排名在后50，但2022年不在后50的城市；

图8-9　城市环境空气质量月报示意图

XXX 国控城市站点 $PM_{2.5}$ 数据情况分析

数据分析时段：XXXX 年 XX 月 XX 日至 XXXX 年 XX 月 XX 日（当月数据用原始(实况)，历史数据用审核(实况)）

一、XXX 站点及设备使用情况

XXX 共 X 个国控城市站点，分别为：XXX，其中 X 个为十四五新增国控城市站点。其中 XXX 国控城市站点与其距离最近，为 XXX km。

XXX 国控城市站点情况

省份	城市	国控城市站点	运维单位	国控城市站点批次	距环科院点距离/km

XXX 各国控城市站点 $PM_{2.5}$ 设备使用情况见 0。由表可见，XX 至 XX，环科院国控城市站点总计更换设备 X 次。

XX 各国控城市站点 $PM_{2.5}$ 设备使用情况

站点	更换前设备信息					更换后设备信息					更换时间	更换原因
	品牌	型号	编号	设备类型	加热方式	品牌	型号	编号	设备类型	加热方式		

图 8-10 异常数据分析报告示意图

4. 仪器设备性能评价

仪器设备性能评价主要是通过各仪器设备监测数据的获取率、数据质控合格率、关键参数采集率、关键参数异常报警率、故障维修率、仪器设备使用年限、运行时长、外部质控结果及质控检查情况等对正在验收的仪器设备和通过验收的仪器设备进行性能评价。系统对评价结果以表格、雷达图、柱状图、折线图等形式进行展示，便于相关人员开展仪器设备管理、备机管理、仪器设备验收等工作。

5. 站房健康指数评价

站房健康指数评价指对站点自身运行情况进行评价，包括从站房内仪器设备运行情况、站房保障情况、人为干扰情况、站房视频监控装置联网情况、站房动力及环境报警情况等方面，通过对不同指标分配权重打分的方式，对站房健康指数进行评价。站房健康指数评价功能包括国控城市站点站房健康指数总体得分、各城市/区域站房健康指数总体得分、单个站房得分，通过雷达图、柱状图及表格的形式进行展示。

6. 运维人员评价

运维人员评价指的是对运维人员的运维行为进行分析。该功能融合国控城市站点运维情况、数据标识情况、参数调整情况、数据异常情况、现场检查情况等信息，对运维人员的各项行为进行分析并设计关键行为打分项，通过内嵌算法，对运维人员进行打分。通过雷达图及表格等形式对打分结果进行展示，从总体分值概览、单项分值精细化分析、关键点重点分析等方面进行功能设计及开发。运维人员评价功能着重从站点运维情况、运维操作情况、仪器设备参数调整情况、监测数据异常情况、现场检查核实情况等方面进行评价。

7. 运维单位评价

运维单位评分旨在通过多因素综合考量，来评价运维单位的工作水平。评价指标主要包括数据获取率、数据质控合格率、站点仪器设备质控情况、数据异常处理情况、绩效得分、视频监控及仪器设备运行情况（如仪器设备在线情况、故障情况）和现场检查情况等。通过对以上评价指标按照不同百分比或权重进行打分，从而实现对运维单位的评价。运维单位评价功能包括国家城市环境空气质量监测网运维单位得分对比、单个运维单位得分分析，通过雷达图、柱状图及表格的形式进行展示。

8. 运维质量评价

为分析站点的运维情况及对数据产生的影响情况，及时发现异常运维情况。系统整合贯通站点/城市空气质量监测数据、运维及质控数据，从运维导致空气质量污染级别变化、运维导致首要污染物变化、当日监测数据无效且发生运维、运维任务类型（计划内、计划外、周巡检、月巡检）等方面进行功能设计，以单城市运维日历、多城市运维日历、单站点运维日历、多站点运维日历等形式进行展示，并提供以表格形式导出数据的功能。

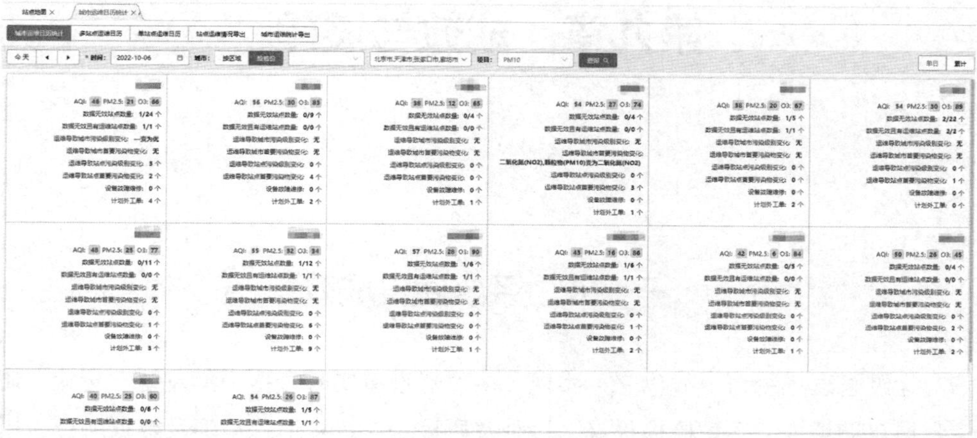

图 8-11　运维日历统计界面示意图

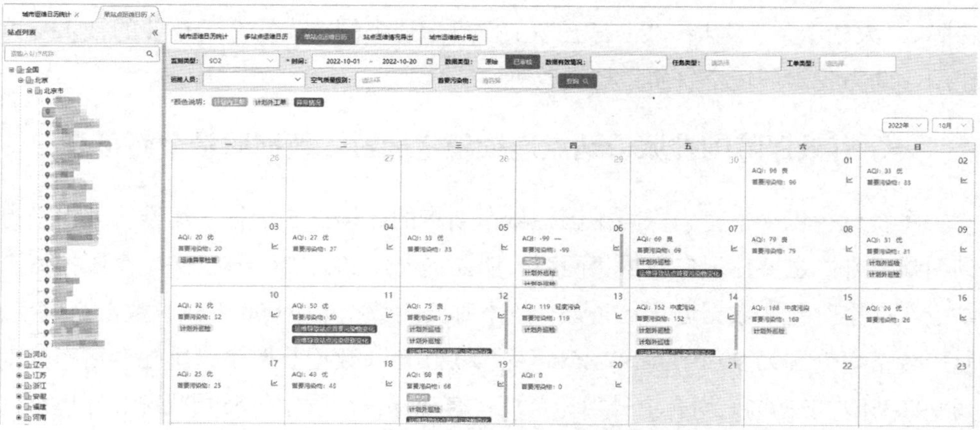

图 8-12　多站点运维日历界面示意图

第九章　成效与展望

第一节　系统建设成效

运维管理系统自上线以来，实现了多仪器设备实时数据采集及统一传输、质控数据自动填报，智慧监控报警、运维及质控工作过程追踪留痕及数据融合应用等功能，已业务化应用于 339 个城市 1 734 个国控城市站点。有效提高了国家环境空气质量监测网运维管理水平，有力保障了监测数据准确、可比。为重大活动保障、“大气十条”考核、“十三五”工作目标任务的完成发挥了重要的技术支撑作用，助力我国环境空气质量持续改善。

一、有效保障国控城市站点连续稳定运行，数据质量全面可靠

系统运行以来，有力保障了国控城市站点的连续稳定运行，运维管理水平得到明显提升，主要体现在数据“两率”明显提高。2021 年全国 1 734 个国控城市站点获取小时监测数据近 1 亿条，有效小时监测数据近 9 000 万条，数据获取率、质控合格率分别为 99.19%、97.86%，较 2020 年（数据获取率、质控合格率分别为 99.03%、97.37%）均有上升。为全面、客观评价全国空气质量状况、环境空气质量考核排名提供了有力支撑。

二、有效监管运维及质控全过程，运维质量全面可控

系统利用人脸识别、GPS 定位签到、工单及安防信息关联技术，实现线上任务精准对接，对运维人员开展周期性运维及质控任务、定期更换耗材及备品备件、异常情况及时处理等进行全面监管；实时采集上传监测数据、仪器设备参数及状态数据、气象数据、日志数据等，结合系统智能填报功能，实现运维及质控工作

全过程监管，有效预防弄虚作假，保障了运维质量；通过系统远程在线质控功能，运维人员可远程完成站房部分关键巡检及质控工作，保障因疫情等原因现场运维受限时国家环境空气质量监测网稳定运行、数据准确可靠。系统运行以来，实现对国控城市站点上万余台仪器设备信息、千余名运维人员每年约 70 万余次运维质控任务操作信息的集成管理。

三、及时发现监测异常和数据异常，有效预防人为干扰

系统实现了实时监控站房内外环境，非运维人员入侵自动报警；通过对监测数据、气象环境数据、仪器设备运行状态及参数变化、运维事件进行融合关联分析，实现了数据异常自动报警。基于海量历史监测数据变化规律及异常数据案例分析，通过 XGBoost 算法、决策树、相似矩阵判别等 AI 机器学习算法，实现异常数据自动识别，辅助人工开展每日约 25 万条监测数据审核/复核管理，有效识别监测异常和数据异常情况。2016 年、2018 年分别严肃查处了两起典型环境质量监测数据造假案件，23 人被追究刑事责任，是生态环保历史上第一次因数据造假被判刑。这 23 人中最多的被判刑两年，最少的半年左右，对人为干扰监测数据行为形成有效震慑。

四、有力支撑重大活动环境空气质量保障工作

国控城市站点监测数据是环境空气质量预测预报，实施环境空气质量管理决策的重要依据。系统建成以来，为第十三届全运会、武汉军运会、庆祝中华人民共和国成立 70 周年大会、庆祝中国共产党成立 100 周年、北京冬奥会、冬残奥会等重大活动环境空气质量保障工作提供了重要的支撑作用，保证了保障区域内国控城市站点连续稳定运行、运维质量全面可控、数据质量准确可靠，确保真实、客观、完整地反映了重大活动期间环境空气监测质量状况，为科学研判空气质量变化形势、有效制定大气污染防治措施、客观评价空气质量管理成效提供了准确的监测数据支撑，取得了良好成效。

五、助力环境空气质量持续改善

系统为生态环境部门分析研判大气污染防治形势、科学制定大气污染防治措施提供真实、准确、全面的监测数据支撑，助力推动我国环境空气质量持续改善。2021 年，全国 339 个城市平均优良天比率为 87.5%；$PM_{2.5}$、PM_{10}、O_3、SO_2、NO_2

和 CO 浓度分别为 30 μg/m^3、54 μg/m^3、137 μg/m^3、9 μg/m^3、23 μg/m^3 和 1.1 mg/m^3；全国地级及以上城市细颗粒物（$PM_{2.5}$）年均值由 2015 年的 46 μg/m^3 降至 2021 年的 30 μg/m^3，比 2015 年下降了 34.8%，成为全球大气质量改善速度最快的国家。

第二节 展望

当下，全球新一轮科技革命和产业变革深入发展，新一代信息技术与社会各行业面快速融合。国控城市站点运维每年生产近亿条监测及质控数据，开展 70 余万次运维质控任务。需要进一步挖掘监测数据、气象数据、站点位置信息、运维数据、质控数据、监测设备信息、辅助设备信息等运维大数据信息资源，顺应数字化、网络化、智能化发展趋势，着力构建国控城市站点智慧运维技术体系，以运维大数据为核心，以“全面监控、异常报警、智慧运维、关联分析、有效溯源、科学精准”为管理目标，不断推动运维智能化、自动化水平，紧跟监测现代化发展大局，推动实现监测运维高质量发展，持续提高监测数据质量，助力高水平环境保护管理。在此背景下，对系统后续建设思考及展望如下：

一是基于传感器物联网技术，进一步推动智能化标准站房建设，实现数据“应联尽联”。集成站房内外实时环境温湿度、监测数据、仪器设备运行状态、气象参数、视频监控、电力情况、烟雾情况、水浸等数据，及时发现异常情况，实现对站房运行状态一体化感知。

二是进一步优化异常数据自动审核算法，提高异常数据识别准确率，构建异常数据审核分析案例库，持续提高数据审核质量；进一步挖掘海量数据价值，持续提升多元数据贯通融合应用水平。利用视频智能识别、人工智能数据审核等技术，全面提升生态环境感知力、数据要素生产力，助力提高决策支持力，保障监测数据“真、准、全”。

三是应用物联网感知技术，加强对设备全生命周期管理，实现设备远程定位追踪，远程电子盘点，及时掌握设备动向。运用大数据技术深度分析验证仪器设备故障数据特征，构建仪器设备故障特征库，利用 AI 算法实现仪器设备故障的准确预测，持续提升仪器设备管理智慧化水平。

四是持续开展系统质控智能化能力建设，以国控城市站点日常运维工作为基础，对站房内外部环境参数、仪器设备运行及状态参数和监测数据有效性进行监控，对仪器非正常运行状态等情况进行分类、统计分析及处理，建设集自动质控、站房一体化感知、数据采集与处理于一体的自动质控技术。进一步拓展大数据分析、AI 算法、区块链、物联网、遥感监测在质控方面的应用，驱动迈入质控智能化新阶段。

参考文献

[1] 秦虎，张建宇．以《清洁空气法》为例简析美国环境管理体系[J]．环境科学研究，2005（4）：55-62，111.

[2] 钟流举，向云荣，师建中，等．珠江三角洲区域空气监控网络 AQ/QC 手册[M]．广州：广东科技出版社，2007.

[3] 师耀龙，杨婧，柴文轩，等．美国环境空气监测数据质量核查工作的经验与启示[J]．中国环境监测，2017，33（3）：8-14.

[4] 陈善荣，陈传忠．科学谋划“十四五”国家生态环境监测网络建设[J]．中国环境监测，2019，35（6）：1-5.

[5] 刘方，王瑞斌，李钢．中国环境空气质量监测现状与发展[J]．中国环境监测，2004（6）：8，9-10.

[6] 彭睿，成经纬，秦勤．自动监测站第三方运维管理的思考[J]．中国环境监测，2016，32（3）：21-24.

[7] 王莉华，欣欣，景宽，等．大气网格化监测运行维护管理现状与展望[J]．中国环境监测，2021，37（2）：16-22.

[8] 徐伟嘉，李建军，李红霞，等．区域空气质量监测网信息管理平台的设计与实现[M]．广州：中山大学出版社，2014.